U0825006

传奇

NV XING JIU HU BAO DIAN

女性救护宝典

不要和陌生人搭讪！

1

江西教育出版社

图书在版编目（CIP）数据

不要和陌生人搭讪！／贺鹏飞主编．—南昌：江西教育出版社，2009.12

（传奇翰墨．女性救护宝典）

ISBN 978-7-5392-5525-5

Ⅰ．不…　Ⅱ．贺…　Ⅲ．女性－安全教育－通俗读物

Ⅳ．X956-49

中国版本图书馆 CIP 数据核字（2009）第 227990 号

书名：不要和陌生人搭讪！

BU YAO HE MO SHENG REN DA SHAN！

出 品 人：傅伟中

责任编辑：洪晓梅

装帧设计：Metis灵动视线 010-85983452

出　　版　江西教育出版社

发　　行　江西教育出版社

社　　址　南昌市抚河北路 291 号

邮　　编　330008

开　　本　700×1000　1/16

印　　张　13

字　　数　160 千字

版　　次　2010 年 2 月第 1 版　2010 年 2 月第 1 次印刷

印　　刷　北京凯达印务有限公司

书　　号　ISBN 978-7-5392-5525-5

定　　价　24.80 元

目录

序言

生命中没有预演，一切发生的事情都不可逆转。当你面对生活中的突发事件，如暴力抢劫、野外迷路、跟踪偷拍、意外受伤或者是洪水地震等情形时，你该如何应对？

《传奇·女性救护宝典》丛书取材于美国 Lifetime Television（美国第一家女性 24 小时有线电视频道，在美国有线电视网收视排名中，黄金时间和全天收视率位列前十名，18 岁以上女性的收视率稳居第一）中“What should you do?”（《如何应对？》）栏目的经典案例。该节目通过讲述生活中真实发生的危险故事，总结应对这些危险的措施办法，因此赢得了很高的收视率和社会美誉度，被称为“女性自我保护教科书”、“女性救护宝典”。

你不可能把电视带在身上进行阅读，因此“传奇翰墨编委会”提取“What should you do?”的精华内容，从面对凶犯、自然灾害、野外生存和医疗救护等 4 个角度推出了《不要和陌生人搭讪！》《地震来了！》《你跑得过蜜蜂吗？》《别把铅笔拔出来！》4 本救护宝典。

这本书所讲述的故事也许一辈子也不会发生在你的身上，但是，仅仅微乎其微的危险概率不幸降临到一个人的身上时，她面对的就是灭顶之灾；这本书中所讲述的应对技巧也许你一辈子都不会使用，但是只要使用一次，则会挽救一个人的生命！

谨作为奉献给女性的礼物。

偏执狂同事的大屠杀

引言

早已离职的一名员工忽然在公司露面，疯狂地对着原来的同事开枪扫射！此时，你该如何自救？

星期二上午9点钟，美国得克萨斯州圣安东尼奥女商人卡萝拉走进了自己的办公室，这天的办公室与往常一样平静。谁也不会料到，随后的几分钟里，一名丧心病狂的持枪歹徒即将在这里大开杀戒，而这里，也曾经是他工作过的地方……

▸▸▸ 报　复

查尔斯·怀特又回来了，带着一支口径为5.55毫米的步枪，在整个办公室里开枪扫射。

早晨的办公室大楼和往日一样平静。天气晴好，气温也很宜人，卡萝拉今天比平时早去了大约5分钟，她的心情轻松而愉快。身边的同事陆续到了，大家互相打了招呼，卡萝拉走进了自己的办公室，拿起办公桌上的电话，给自己的男友拨了过去，想和他一起分享上班前的一点闲适。

▼隔壁的办公室传来女人的尖叫声

“嗨，你在哪里呢？”她闲散而甜蜜地问。

他听出了她的声音，“我出城了，大概下午回去，好吗？”

“没有什么不好。只是我有

些想你。”

“我也是的，宝贝，自己注意。”

“嗯，再见。”

“再见。”

放下电话，卡萝拉准备开始进行一天的工作。一切都和往常一样，直到办公大厅里传来尖锐的破碎声、女人的尖叫声、纷乱的嘈杂声。

▲顷刻间，有条不紊的办公室里便一片狼藉

“出什么事了？”卡萝拉感到有些意外，此时，一声沉闷的响声在隔壁的办公室里传出，那种声音，就像鞭炮的声音。

卡萝拉以为那不过是普通的噪音而已，三天前也发生过同样的状况，制造噪声的罪魁祸首不过是一只不小心从角落里钻出来的老鼠。一群市场部的女同事被吓得大声尖叫，男同胞们则为了显示男子气概抄起手边的东西就是一阵乱打，混乱中打掉了很多原本不相干的东西，场面非常热闹。

“是不是监视器被弄掉下来了？或者，他们又一次被招摇过市的老鼠吓着了？”身为经理的卡萝拉，显然对这种小事情不屑一顾，她不想浪费时间，于是便随手拿起桌上的对讲机，拨了一个号码给自己的同事贾尼斯。

“贾尼斯？有老鼠是吗？”她轻松的声音略带嘲弄。

“……”非常奇怪，没有人回答她的问题，只有一些杂乱的声音从对讲机里传出来。卡萝拉隐隐感到了一丝不安，“出什么事了？”她对自己自言自语，“也许我应该出去看看。”

一边说着，卡萝拉一边拉开了办公室的门。这时候，

一个男子正好从走廊的另一头向她走来，与她直直地打了个照面。

那一瞬间，卡萝拉忽然打了个冷战。她很快认出了这个走向自己的暴徒。他叫查尔斯·怀特，三个月前，他曾经在这座办公大楼里短暂就职过，因多次违反公司的各项规章制度，所以很快就被公司开除了。

查尔斯就职起初的表现还算正常，中间他还曾经跟卡萝拉的一位同事南茜约会过，后来两人分手了，查尔斯的脾气变得越来越坏，不断地和同事们发生各种争执和矛盾，渐渐地，大家都有些惧怕这位性格怪异的同事，觉得他非常偏执，不可理喻。他走之后，大家都不约而同地长出了一口气。

原本以为事情会就此结束。而此时，查尔斯又回来了，他的神情很不正常，情绪极端亢奋，整个人的感觉就是两个字：邪恶！当卡萝拉看到他的那一刻，就觉得自己死定了。

查尔斯握着一把冰冷的手枪，展开了一场关于仇恨的杀戮。他一路从办公大厅穿过，像一头暴躁的野兽，毫无人性地对着昔日的同事开枪扫射。

▲凶神恶煞的查尔斯找到昔日的女友南茜，并要开枪杀死她

这真是一场灾难，满地都是鲜血。恐惧和慌乱充满了办公大楼的每一个角落。

▶▶▶中　枪

“都是我的错，对不对？对不对？”查尔斯声嘶力竭地冲着卡萝拉大吼。乌黑的枪口指在卡萝拉脑袋上……

查尔斯面孔乌青，脸上溅着几滴鲜血，看上去十分骇人。卡萝拉惊愕地看着查尔斯端着枪慢慢地朝她走了过来。

此时的卡萝拉双手空空，连一把水果刀都没有，而这个歇斯底里的恶魔与她的距离还不足5米远。走廊上只剩下他们两人，空气中都凝结着恐怖的气氛。卡萝拉脑子里一片空白，忽然之间，她想起了方才隔壁办公室的响声，难道那是枪响？“南茜呢？”她冲口而出。

“她去见上帝了。”查尔斯嘿嘿笑了起来，鲜血和狞笑混在同一张面孔上，让他的脸色看上去诡异极了，“他们都说，‘查尔斯，是你的错，是你不好’，哈哈哈，所以我让他们都去上帝那忏悔去了。”

卡萝拉倒吸了一口凉气。她的面前站着的，已不是昔日那个性格偏执的同事，而是个杀人狂魔！

查尔斯突然僵住了笑容，他神情狰狞地逼近卡萝拉，“都是我的错，是不是？”他声嘶力竭地冲她大吼，脸上的青筋暴突，好像一条毒蛇“嘶嘶”地吐出血红的信子。

卡萝拉被眼前的场景吓傻了。她对面站着一个恶魔，他的脸上沾着无辜受害者的鲜血，其中还包括他以前的女朋友的。她该怎么办呢？

▼卡萝拉非常害怕，她苦苦祈求查尔斯不要开枪

查尔斯用枪指着卡萝拉，大吼道：“都是我的错，对不对？对不对？”

卡萝拉拼命地摇头，她已经被吓呆了，一遍遍地说：“我不知道，我不知道。别开枪，我不知道。”她听见自己的声音充满了无助，渐渐变成了哭腔。有种彻骨的寒意，从对面这个失去理智的禽兽身上散发出来，令卡萝拉不停地发抖，她怕极了！“别开枪，求你。”她央求他。

可查尔斯像是没有听见，他毫无怜悯地举起了手枪。

“砰”的一声，查尔斯冲卡萝拉开了一枪，也许是他太激动的缘故，这一枪没有打中。卡萝拉蓦然惊醒，她知道了向失去理智的查尔斯求情是毫无意义的，唯一逃生的机会就是躲起来。可查尔斯堵着出口，她只能逃往门里面。

卡萝拉霍然冲向办公室里面的盥洗室，迅速地锁上了门。查尔斯被面前的反叛者彻底地激怒了。他冲过来对着盥洗室的门就是一枪，脆弱的盥洗室门被子弹的冲击力轻而易举地打开了。

▼未被击中的卡萝拉迅速逃进盥洗室

卡萝拉赤裸裸地暴露在查尔斯的视线中，再也无处可逃。

卡萝拉绝望了。强烈的恐惧令她寸步难移，她放弃了挣扎，死命地用双手捂住了自己的脸。她听到了查尔斯的脚步渐渐地逼近了，她不由自主地浑身颤抖。

坚硬的、冰凉的

◀被激怒的查尔斯把枪口对准了卡萝拉

▶中枪后的卡萝拉半边脸血肉模糊

枪口抵住了卡萝拉的脑袋，她知道一切都要结束了。卡萝拉屏住了呼吸，默默地向上帝祷告。

周围很安静，然后是一声枪响。

温热的鲜血喷涌了出来，卡萝拉模模糊糊地觉得她的半边脸都被鲜血溶化了。

▶▶▶逃　生

卡萝拉很惊讶自己居然还活着，她感觉到四周好像没什么声音了，便艰难地爬回办公室去拨911。

头部中枪的卡萝拉慢慢地软倒在地上，她的双手垂了下去。鲜血像泉水一样汩汩地从她头上的破洞中涌出，整个盥洗室里都弥漫着一股浓烈的血腥气。卡萝拉的眼神开始涣散，两只眼睛就像两颗透明的玻璃珠子。她直直地看着查尔斯，那样的眼神令查尔斯厌恶地转过头去，他认为卡萝拉必死无疑，于是转身扬长而去。

卡萝拉昏昏沉沉地倒在地上，她感觉到温热的鲜血一直不断地从她头上淌下来，查尔斯看着她的时候，她一动也不敢动，连大气也不敢喘，直到查尔斯转过头去，一步步地离开了她。

卡萝拉默默地听着查尔斯的脚步渐渐远离，直到消失在办公大楼的廊道里。

“我居然没有死？”卡萝拉疑惑地思考着，虽然浑浑噩噩，但她的意识还很清晰，意志力坚强的卡萝拉在那个节骨眼上做出了一个惊人的决定——带着满头的鲜血去报警。尽管刚才那枚子弹，穿过了她的颧骨，将她的眼珠击落在她捂着脸的手掌上。这骇人的一幕，足以让那些见到老鼠就会尖叫的女士们昏倒好几次，而卡萝拉就那样从血泊中爬了起来，慢慢地往办公室里移去。

从镜子旁边路过的时候，卡萝拉镇定地垂下了头，小心翼翼地躲避掉镜子，因为她觉得一定会被自己吓晕的。

卡萝拉担心歹徒是否在办公室里等着干掉自己，但她决心已定。卡萝拉是一个性格坚毅的姑娘，一直都是。她决定的事情是不会更改的。她一定要报警，这样大家才能够获救。

▶卡萝拉强忍着疼痛，艰难地往外爬

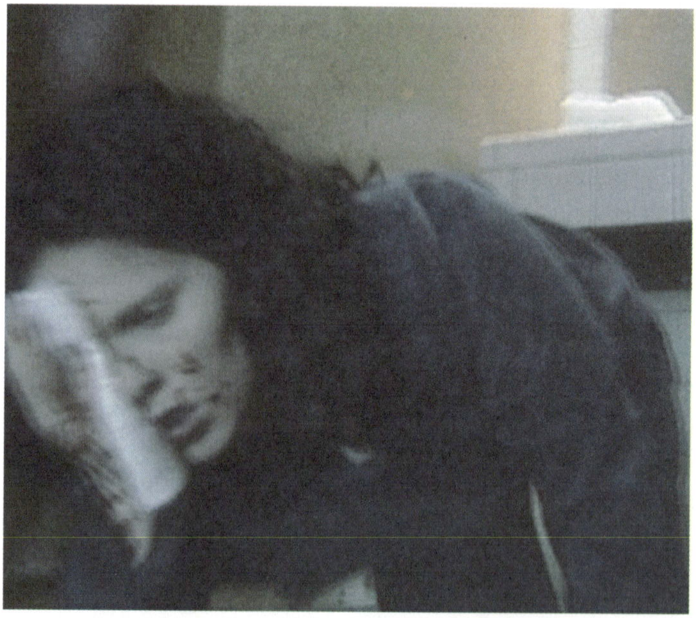

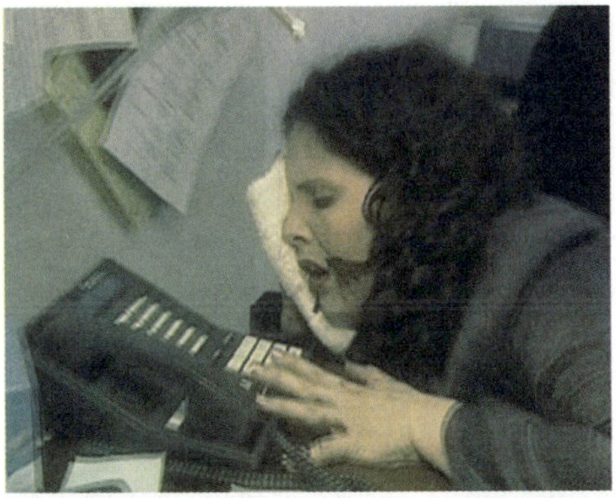

◀卡萝拉爬回自己的办公室报警求救

▶警察在楼下示意卡萝拉自己走出大楼

外面很安静，听不到半点呻吟的声音。“是不是他把所有人都杀死了？”她想。

卡萝拉感到一种寒意彻骨的恐惧，就好像自己正站在一片荒无人烟的草原上，她势单力薄，拖着重伤之下残破的身体，她时时刻刻都有被死亡吞噬的危险。卡萝拉感觉子弹停留在她的脖子里，那种终生难忘的异物感令她几乎想要呕吐。她浑身无力，感觉下一秒就会昏迷。但卡萝拉握紧了双拳，“不，我不能倒下，”她暗暗下定决心，鼓起勇气，一步又一步地爬向了自己的办公室。鲜血不断地淌落下来，身后血迹模糊一地。

卡萝拉终于抓起了办公桌上的电话。

▶▶▶ 获　救

就差一步了！卡萝拉一遍又一遍地提醒自己，她顽强地移动着双腿，向办公楼外面走去。

特警部队赶到现场的时候，卡萝拉已经无力地瘫倒在自己的椅子上。鲜血顺着她的头部流下来，盖住了她的眼睛，令她看到的一切都是血红色的，太惨烈了。卡萝拉模模糊糊地看到特警部队对自己做着手势，示意她走出大楼。她示意他们进来，可她意识到自己不能等他

▲坚强的卡萝拉终于走出了办公大楼

们进来了，她得自己走出大楼，因为特警不能确定杀人凶手是否还在楼里。

“还差一步了，亲爱的，鼓起勇气来。我不能就这样死去。”卡萝拉对自己默默地说，“我不能服输，无论在任何情况下。如果我死了，就是输给了那个恶棍，我不会被他打败的。”卡萝拉深深地吸了一口气，用尽全身的力气站了起来。她的掌中还握着自己的眼珠，那种柔软的感觉她一辈子也忘不了。

卡萝拉一步一步地朝着大门的方向走去。温热的血顺着她的鼻腔流进嘴里。她觉得坍塌的鼻子随时可能从脸上掉下来。她觉得自己的脸已经变得支离破碎。下一秒就有可能倒下来，再也站不起来，痛觉早已经变得模糊，所有的声音像从另一个世界里发出来的，那么飘渺，那么软弱……但卡萝拉就是不放弃，就算这个世界都崩塌了，她还是顽强地移动着自己的双腿。

▼现实中真正的卡萝拉手术后装了一只假眼，她在讲述当时子弹从脑部穿过喉部的惨烈经历

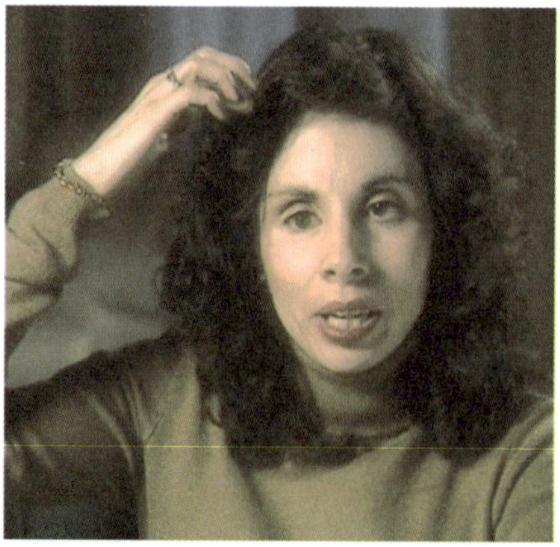

▸▸▸重　生

尽管卡萝拉失去了一只眼睛，但她幸存了下来，开始她人生中崭新的生活。

警方在歹徒前女友的尸体旁发现了歹徒的尸体。他在死前还枪杀了两名公司职员。卡萝拉立即被空运到医院，接受了长达9小时的手术。手术结束时，卡萝拉的男友杰克已经闻讯赶到了医院。他无法相信在这短短的几小时之内发生了这样一场惨烈的劫难，但值得庆

幸的是，上帝眷顾着他的女友，没有从他身边夺走卡萝拉，因为卡萝拉有着惊人的坚强意志。

事后，当记者问起卡萝拉为什么会有那么大的勇气自己走出大楼时，她说："如果我萎靡不振的话，那么查尔斯就胜利了，而我是绝不会让他战胜我的。"躺在病床上的卡萝拉面容十分镇定。

不久，卡萝拉幸运地康复了，尽管她失去了一只眼睛，但她幸存了下来。

现在，卡萝拉已经和杰克结了婚。她恢复得很好，但对过去那段记忆绝口不提。没有人知道她是怎样逃出死神的魔爪的，那段记忆一定充满了血腥、惊恐和无助。但是卡萝拉用惊人的毅力和勇气战胜了它们，顽强地活了下来。她是个很幸运的姑娘。

▼现实中的卡萝拉与丈夫幸福甜蜜地生活

如何应对？

在美国，职场暴力已是攀升速度最快的谋杀类型，每年都有3万多人在办公室遭到袭击。作为一名员工，你首先要尽量确保自己所在的办公场所是安全的。如果有异状发生，你也需要在特殊情况下知道如何应对。以下的知识你应该了解：

▲发现异常的恐吓信件，信封里装有一颗子弹

▼密歇根州曾有男子在办公室用手当枪威胁同事

A.如果发现自己的同事性格乖戾，行为怪异，并有一定的暴力倾向，你该如何应对？

a. 首先要自己提高警惕。办公室袭击者大多是客户或者陌生人，仅有十分之一的歹徒是公司雇员。虽然我们无法预测同事何时会变成歹徒，但有些危险信号应该引起你的注意。以下四种情况的人你一定要多加提防：第一种，如果你身边的某人情绪不稳定或者对爱情很偏执，就像文中的查尔斯，在与公司的同事分手后性格狂躁、脾气差劲，那么你就要警惕了；第二种，如果你身边的某人跟许多同事起过争执，跟很多人关系欠佳、口碑很差、性格孤僻、离群索居，你也一定要提防；第三种，如果某人总是充满怨恨，常常在私下说三道四，尤其是对老板怀有敌意，时常说要对老板进行威胁、攻击，甚至产生暴力倾向等，这种人你也要提高警惕；第四种，尤其一定要提防那些不愿接受批评的人，因为这种人通常心胸狭窄，容易记仇，并且内心比较阴暗，易产生仇恨心理。以上四种人，你要尽量减少跟他们的接触，别因为同情、好奇等等原因主动靠近这类人，更不要以为这样能与他们保持友好关系，如果他真是文中的偏执狂的话，你所做的一切只能是引火烧身，你的下场也可能像无辜的南茜一样，成为杀人狂的牺牲品。

b.当自己认为事态严重的时候，要立即通知老板。不要忌惮他的威胁或者恐吓，尽快把他请走，以减少将来可能发生的更多矛盾。在密歇根州曾有男子在办公室用手当枪威胁同事。如果你的同事也开这种玩笑的话，请立刻提醒你的老板或人事部经理，某保险公司的一位女士就是这么做的。这位女士隔壁房间的男同事认为打算解雇他的老板是白痴，他背地里对老板恶语相向，并且语言歹毒。几天后，这位女士无意中在这个男子的抽屉里发现了一把小手枪，她立刻报告了经理这些情况。该公司即刻解雇了此男子，以消除潜在的威胁，同时还为此人提供了心理咨询，以减小他返回公司进行报复的可能性。

c.平时在自己抽屉里或者随手可以拿到的地方放一把防身武器，手提电话等通讯工具也是必不可少的！另外，留意一下办公场所是否有藏身之地，如果遇到歹徒行凶，可携带武器，躲藏起来，减少自己遇害的几率。

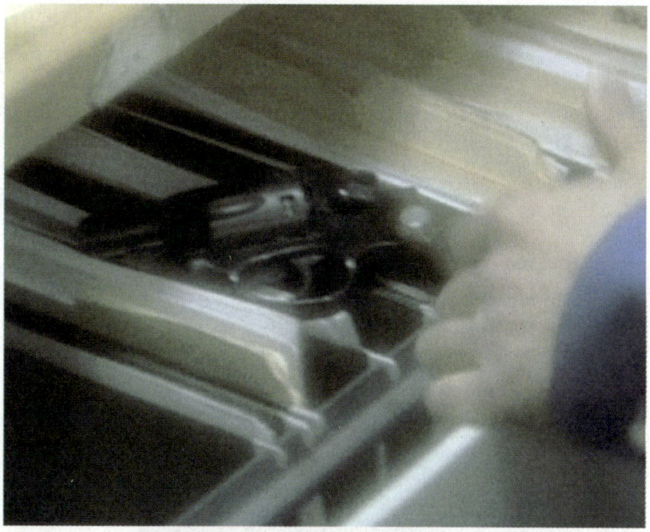

▼一位女士无意中在男同事的抽屉里发现了一把小手枪

B.如果发生了类似文中的惨剧，你该如何逃生？

a.首先，你需要保持警惕，留意办公室发生的异样情况，切勿掉以轻心。比如文中，枪声刚开始响时卡萝拉就很疑惑，她不知道自己听到的是枪声。这种情况很平常，因为枪声就像鞭炮的声音。如果你在工作时听到这种声音，不要慌乱，迅速察看自己是否有地方可以藏身或者有机会可以逃脱。还可以用随身携带的小镜子来查看楼道或走廊里的情况，不要贸然一个人从自己的办公室里跑出来。如果发现出口被堵死了，请查看一下天花板，办公室的天花板上常有镶嵌板，你可以踩在办公桌上，由此处逃脱。

b.如果歹徒已经出现，你无处逃脱，请赶快躲在某物体的后面或下方，尽量不要发出声响，这样就有可能挡住歹徒的视线甚至子弹。美国旧金山的一些律师就采取了这种措施，当时，一个客户持枪走进来向他们射击，这些律师躲进了一间装有厚实木门的办公室，并将笨重的文件橱柜挡在面前抵挡子弹，以此逃过一劫。

c.千万不要妄想和歹徒试探着攀交情，要知道，一个失去理智的人前来报复，是不可能被你的几句好话打动的。所以你需要做的就是找一个安全的地方躲起来，躲得越远越好。

▼律师们躲进了一间装有厚实木门的办公室，并将笨重的文件橱柜挡在面前抵挡歹徒子弹

d.抓住一切机会报警，或者寻求其他可靠而快速的救援方法。要知道，拖得越久，事态将越严重。

C.如果你已经遭受歹徒袭击，你该如何逃生？

a.有些歹徒由于一时冲动失去了理智，需要报复泄愤，此时喊叫、求救、向歹徒求饶都是没有用的，最好的方式就

◀如果发现出口被堵死了，请查看一下天花板，办公室的天花板上常有镶嵌板，你可以踩在办公桌上，由此处逃脱

▶歹徒出现时，尽量躲在某物体的后面或下方

是“逆来顺受”。保持沉默，千万不要剧烈地反抗，那样只会激怒歹徒，从而招致杀身之祸。如果你不再挣扎，歹徒就会因为你的“示弱”而掉以轻心。因为这类人的性格缺陷通常带有自卑和自怨自艾的心理，通过制服你而达到心理上的满足感，一旦达到满足，他就有可能因此放过你，甚至扬长而去。

b. 如果你在醒来时歹徒不在身边，请抓住一切机会求救，但切记千万不要声张，以免仍未离去的歹徒就此注意到你。

c. 趁有意识的时候报警，千万不要放弃。无论情况多么糟糕，都要立刻报警和拨打急救电话。一定要保持冷静，像文中的卡萝拉一样，不要放弃一丝一毫的求生机会，相信自己是被眷顾的，只要你坚持下来，一切都会过去。在危急时刻，人的生命力会非常非常的顽强。

你知道吗?

歹徒常开什么样的车?

通常连环杀手喜欢驾驶特定类型的汽车，而你了解歹徒究竟钟情什么样的座驾作案吗?

一路尾随你的“热心人”

引言

漆黑的夜里，你正开车行驶在回家的路上，你忽然发现身后有一辆车子如影随形地跟着你。此时，你该如何应对？

玛吉·贝克是一名中年女护士，这天，她夜班当值，终于盼到下班的她准备回家好好睡上一觉，却在开车回家的路上，遇上了一路尾随她的“热心人”……

▶▶▶ 尾　随

午夜，玛吉驾着自己的车从高速公路上出来，驶入了一条黑暗寂静的公路。此时，她忽然发现有人一直在她身后开车尾随她。

玛吉·贝克是美国圣彼得医院重症病房的一名护士，今年35岁。这天深夜，繁忙的护理工作终于结束，她收拾完手里的东西，准备下班回家，好好睡上一觉。

玛吉扭开了车里的无线电，听着平日熟悉的

◀玛吉从后视镜里看见一辆车尾随着她，并不停地闪灯

▶玛吉不论车速快慢，尾随者都执着地紧跟在她车后

深夜电台，一切看上去平静如常，玛吉甚至有些昏昏欲睡，她只想赶快到家，直接扑向温暖柔软的床。

没过多久，玛吉偶然发现了一件奇怪的事：后视镜里，她看到一辆汽车紧紧地跟在她身后。

“是我认识的人吗？”玛吉想着，她从侧后视镜里仔细地打量着那辆车，可是它看起来十分陌生。“这是什么见鬼的恶作剧？”玛吉心想，“如果他有急事，一定会转换车道超车的。”而这辆车只是紧紧跟在她身后，不断地闪烁着车头灯，有些开玩笑的意味。

▼尾随车辆多次与玛吉并驾齐驱，示意玛吉停车

玛吉对这辆莫名其妙的车子没有任何兴趣，她不假思索地使劲地踩下了油门。周围的街景迅速后退，那辆车消失在后视镜里。玛吉如释重负地长出了一口气，以为就此甩掉了那只令她厌恶的“跟屁虫”。

可是几分钟之后，那辆车又在玛吉的后视镜里出现了，得逞般地闪烁着车头灯。玛吉故意减速，那辆车也减速，玛吉加速，那辆车也加速，简直像是吸盘一样黏在她的车后面，甩也甩不掉。

漆黑的公路上，一辆陌生的车子如影随形地粘在身后真让人毛骨悚然！何况这条公路曲折而寂静，偶尔有车过去，也是转瞬而逝。玛吉开始感觉有些惶恐，她觉得自己应该把这个家伙甩掉。

于是，玛吉没有打转向灯就来了个急转弯，转入另一条又黑又难走的公路。“如果是哪个捣蛋鬼的恶作剧，这时候也该告一段落了吧！”

玛吉狠狠地开了一段车，大概高速行驶了几千米之后，她舒了口气，瞥了一眼后视镜。

简直是中了恶魔的诅咒，那辆车依然闪烁在她的后视镜里，如同附骨之蛆一般紧紧地跟着她。

玛吉有些害怕。“这下真的有麻烦了，也许这个司机喝醉了？”她想，“我得靠边停一下，让他先过才好。”她踩下了刹车，静等着那辆车从她眼前经过，赶紧消失。

可是过了一会儿，玛吉并没有看到那辆车子过来。它似乎悄悄地停在玛吉的车子后面。

▼玛吉最终停下了车，但她并没有下车而是通过后视镜观察尾随者的举动

玛吉犹豫了，她实在没有料到这个结果。如果现在冲下公路，她会更深地进入森林，远离人群，那样太危险了。如果现在回头，只会撞上那辆来历不明的车子，玛吉不想引火烧身。

正在玛吉犹豫的时候，那个司机打开车门朝她的车子跑了过来。玛吉没有料到，她本能地立刻伸手去关车窗，想把这个来历不明的人挡在车外。

▶▶▶癫　狂

那人的眼睛非常空洞，玛吉确信这是一双没有心智，没有灵魂的精神病人的眼睛。他暴跳如雷，刚才的温文尔雅全都不见了。他坚持让玛吉从车上下来，这令玛吉心惊胆战。

差2厘米就把窗户全关上去的时候，那人跑到了玛吉面前，看样子想对她说些什么。

玛吉警惕地打量他，“你要干什么，先生？”她隔着车窗问道。

玛吉的面前站着一名中年男子，在昏暗的远光灯映射下，他看上去衣着光鲜，相貌不俗，给人的感觉十分温和。“女士，你的车一直在漏油。”他很亲切地告诉玛吉，就像提醒一个老朋友。“你必须得下来瞧瞧，那也是我一直想拦住你的原因。”

玛吉相信了他的话，她握住门把手，正要下车。可是电光火石之间，她转念一想：“不对！这是一辆全新的车，不应该会漏油的。而且，我也没有闻到汽油味。这不对劲啊——谁也不会为了帮你，追得你差点出车祸吧？”

于是玛吉回答道：“不必了，先生，没事，谢谢你的关心。我回去一定会修理的。”她做了一个准备发动汽车就走的架势，想以此驱走那个陌生人。

◀尾随者不停地要求玛吉下车检查车况

◀尾随者告诉玛吉车漏油

▶汽车的油表盘是正常的

可这个中年男人十分固执，看上去没有要走的意思，他拍着玛吉的车窗玻璃说：“不不，你得下来瞧瞧，女士，快打开门。”

玛吉用余光环顾了一下四周，发现周围静悄悄的，一个人影也没有。她感觉到一阵恐惧，暗暗告诫自己绝对不能走下车。她只好接着跟他周旋，“不用了，没问题。我到家后会修好的。”她勉强冲他礼貌地微笑，“先生，我要发动车子了，请你站远一些。”玛吉一边说，一边想立刻把车开走。

“不不不不，你现在还不能走！”这个陌生人忽然重重一巴掌拍在车窗玻璃上，吓了玛吉一跳，此时，这个陌生人忽然变得疯狂起来，他大声地咒骂着玛吉，暴跳如雷。玛吉看了一眼他的眼睛，立刻发现那不是一双正常人的眼睛，那个眼神极为空洞，像是凶狠地瞪着玛吉，却又像盯着很远的地方。

玛吉觉得自己遇到麻烦了。

▶▶▶周　旋

玛吉就像做梦一样，她不敢相信突然之间会有一个人拿着一支枪，想要取她的性命。

陌生人癫狂的眼神让玛吉觉得异常恐慌，她悄悄地伸手去拿放在身边的那把唯一的防身武器：一支笔型的袖珍胡椒枪。可不幸的是，她的动作没有逃过歹徒的眼睛，那个中年男人粗暴地阻止了她，“嘿，别碰那个！我告诉你，别碰那个。”

玛吉一抬头，赫然看见中年男人手里握着一把已经拉开了枪栓的手枪，枪口不偏不倚地对着自己的脑袋，仅仅隔着一层车窗玻璃。玛吉被面前忽然发生的一切吓得目瞪口呆。

▼恼羞成怒的歹徒掏出枪对准了玛吉

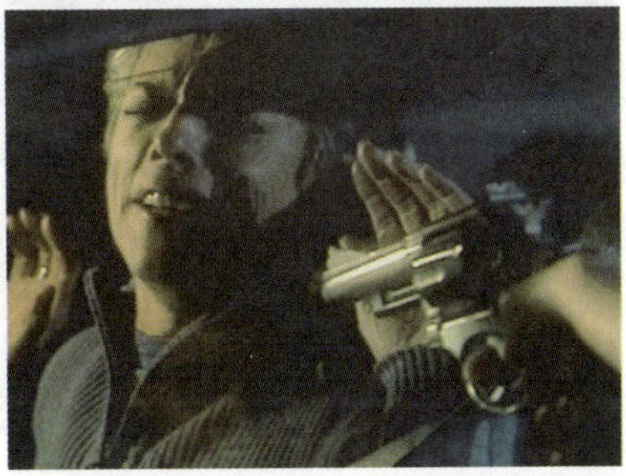

“下车！给我下车！”歹徒威胁她，枪口几乎要把车窗玻璃都戳破了。

情况十分危急，乌黑的枪口让玛吉觉得浑身冒起冷汗，她的身体下意识地向副驾驶座的方向倾斜，想以此远离枪口。此时，她听到了汽车引擎的声音，她顿时意识到自己的汽车一直没有熄火。

“我得立刻开车逃走。他肯定在吹牛，他不会开枪的。”玛吉心想。

玛吉觉得这是她逃跑的唯一机会，她提心吊胆地慢慢把脚放在离合器上，希望对方不会看到，接着她稍稍探起身，把车挂到一档。

不幸的是，歹徒对她的所有小动作尽收眼底。狡猾的歹徒立刻制止了她，对她吼叫着：“嘿，把你的手拿开，你的手，我说了，别碰那个！”歹徒用枪口把玻璃窗敲得直响，看样子他像是立刻就要扣动扳机了。

▶▶▶ 中　枪

三颗子弹都穿过了玛吉的左侧肩胛骨，进入了左胸，热乎乎的鲜血浸湿了衣服……

暴躁的歹徒不停地敲打着窗户，车窗都要被他敲碎了。惊恐万分的玛吉不由自主地踩下了离合器，但车子并没有发动。

歹徒被彻底激怒了。“我说了，别碰那个！我说了，我告诉过你了！”紧接着，就在玛吉发动车子的一瞬间，他对着玛吉驾驶的方向，一连打了三枪。

那一瞬间，子弹的冲击力让玛吉觉得自己的胸腔要被挤瘪了。子弹像在她身上打开了窗户一样，鲜血一下喷涌出来，如挣脱阀门的水龙头泄流不止。

▼流血不止的玛吉强忍着疼痛开车逃跑

玛吉费力地喘着气，她知道自己必须立刻远离凶手。她的脚一直踩在油门上，她的手始终按着车喇叭，玛吉希望有人能听到这异常的噪音。

所幸的是，车子越开越快，远远地将歹徒抛在身后。但玛吉并没有脱离危险，快速失血已经让她越来越虚弱了，她知道自己必须立刻离开这条路，不然在这种高速行驶之下，她一定会撞车的，那样的后果将更加不堪设想。

就这样，身上血流如注的玛吉艰难地喘着粗气，死命地握着方向盘加速行驶。周围的街景迅速地后退着，像电影里快进的场景一样。浓重的夜色里，一望无际的高速路上看不到一个人影，这令玛吉几乎感到绝望。她感觉自己的力气快要用尽了。

大约开了四分之一千米之后，重伤的玛吉再也开不动了。她不知道自己流了多少血，只知道自己呼吸越来越费力了。鲜血浸透了她的衣服，弄得她浑身都热乎乎的。就在这时，玛吉看到了一条私人车道，且车道的尽头是亮着门灯的房屋。

▲虚弱的玛吉走下车寻找救援

▸▸▸ 等　死

玛吉无助地倒在通向房屋的小路上，她没有力气再站起来，只能躺在地上喘气。周围十分安静，她甚至能听见自己血流的声音，玛吉觉得自己的生命就要结束了。

那条车道就像寒夜里亮起的一颗明亮的星，玛吉犹如抓住一根救命稻草似的快速将车打轮，用尽全力驶进那条车道。“救命！有人吗？”她虚弱地求救。“我受伤了，救命！”

这座白色的房子里毫无动静。“里面有人在家吗？”没有人回应玛吉的呼救！

“有人吗？救命！我中枪了！”玛吉的声音越来越虚弱了。她感到自己的生命正在一点点消失，因为她浑身的血都在往外喷涌，如果不及时得到救助，后果难料。

这个时候，奄奄一息的玛吉知道她必须步行去求救，虽然她浑身瘫软，提不起一丝力气。但坐在车里只有等死的份，甚至歹徒说不定还会跟上来要她的命。想到这，玛吉费力地推开了车门，从车里跳出来，艰难地向着房子的亮光移动步伐。

那条小路并不长，玛吉却觉得是自己走过的最漫长的一条路。每一步都毫无重量，她只是机械地移动双腿，告诫自己，坚持住，坚持住……鲜血沿着她的足迹流了一路，从她的车子里一直流到她的脚下。玛吉步履维艰，眼看她离光亮越来越近了。可是忽然一阵强烈的眩晕袭来，就像一根管子忽然吸干了她脑部的空气一样，她感觉天旋地转，四肢完全不受控制。

玛吉双腿一软，仰天倒在了通往房子的小路上。

她大睁着双眼，不停地喘着粗气。她看见星星在漆黑的天幕上格外的闪烁。重创的伤口已经令她意识模糊了。玛吉觉得自己像一片羽毛一样轻柔，她觉得自己就要漂浮起来了。周围几近寂静，除了汩汩流血的声音，她什么也听不见。玛吉就那样安静地躺在自己的血泊中等待死亡的降临，她不知道自己还能流多少血。血的气息温热而腥甜，就像一只温柔的大手覆盖她的身体。那种感觉非常平和，非常宁静，既没有痛苦，也没有恐惧。

▼失血过多的玛吉倒在了地上，奄奄一息

玛吉慢慢合上双眼，她觉得上帝正要拥抱她。

▶▶▶遇　救

玛吉听到一个好听的女声说："你会好的，不会有事的。"在玛吉听来，她的声音就像从天堂传来，那个时候玛吉已经流干了身体里一半的血，她已经开始向自己说再见。

就在玛吉即将阖上双眼的时候，她听到路旁的草丛中传来了响动。

玛吉的心骤然揪紧了。脚步声纷至沓来，非常慌乱，让重伤垂危的玛吉听来尤为恐怖。每一个脚步声都像敲击在她的耳膜上。

“天啊，他循着我的喇叭声跟过来了，他是来干掉我的。”玛吉费力地喘着气，她的心剧烈地跳动起来，因为现在的她什么也做不了。无助张开大口吞噬着玛吉的神经，此时，她几乎已经失去了一半的血液，她想不到还有什么比现在的情况更糟了。

玛吉绝望地躺在那儿，听着脚步声越来越近。她的意识越来越模糊，她开始在心中默默地对自己和家人告别。

“刚才的声音呢？如果她不发声，我们很难找到她。”玛吉听到几个人的声音，“有人受伤吗？我们是来救援的！”

◀现实中，获救的玛吉回到了从前平静快乐的生活

▲警方根据玛吉的描述绘制了歹徒的画像

原来，过来的不是凶手，而是住在附近的几个大学生，他们听到了玛吉汽车的喇叭声。求生的欲望之火再一次被点燃了，不知从哪来的力气，奄奄一息的玛吉挣扎着在草丛里挪动身体，并气若游丝地发出微弱的呼救。

玛吉终于被他们发现了，面前的惨状令他们都惊呆了。一个大学生模样的女青年一个箭步跨上前去，扶住玛吉的头部。

“你会好的……不会有事的。”她说。听到这句话，玛吉昏了过去。

玛吉被迅速送到创伤中心急救。医生用了几个小时修复子弹导致的创伤，止住流血。除了大量失血外，玛吉还断了三根肋骨，肩胛骨和肺都严重受损，玛吉需要经过长时间的治疗才能康复。惊魂未定的她，在很长一段时间内，眼前都接连不断地闪过那个精神病人空洞的眼睛。玛吉委实难以接受，就在60秒时间，就在一个寻常的夜晚，她独自在马路上开车，竟然会遇到这样从天而降的劫难。玛吉也不止一次地庆幸自己在关键时刻多想了一步，这使她没有打开车门，如果她当时下了车，也许就活不到现在了。

▶▶▶收　获

发生的一切就像一场模糊的梦境，玛吉就这样与死神擦肩而过。她只要回想起当晚的情景，就会觉得毛骨悚然。

事后，玛吉向警方详细而又准确地描述了攻击者的特征。凶手的素描图像登上了报纸的头版头条，一位当地教师认出那是她的丈夫，并向警方报了案。

警方调查后发现，这名名叫麦克尔·雷·海陶尔的歹徒曾经犯有强奸和谋杀罪，并常常以汽车漏油为借口恐吓女性。麦克尔被判处一级谋杀，并处以终身监禁。

如今，玛吉结婚了，在美国西北部的太平洋海岸过着平静的生活。她经常向人讲述远离危险的重要性。她曾经在上千名警官面前发表演说，侃侃而谈。当她说完之后，很多人因为她的话而潸然泪下。最主要的是，玛吉希望人们能从她的遭遇中有所收获。

如何应对？

如果你独自驾驶的路上遇到了可疑的跟踪者，你一定要小心了。身后尾随的陌生人通常不怀好意，需要你提高警惕，多加防范。为了避免遇到和玛吉一样的情况，下面几条知识你应该了解：

A.如何识破一路在你身后尾随的“热心人”的伎俩？当他们对你进行威胁，如何应对？

▼两个女孩检查汽车，发现车况没有任何问题

a.和攻击玛吉的罪犯一样，假意提供帮助是歹徒十分常用的伎俩。一定要像玛吉那样，先把事情想清楚再行动。无论“热心人”看起来多么正常多么亲切，或者年老病弱，都不要轻易相信他们的话。有两个女孩就遇到了这样的情况。当时她们正从美国亚利桑那州开车

▲遇到可疑的追尾情况不要单独下车找肇事司机处理

去波士顿。有名男子示意她们靠边，说她们的车出了问题。她们对其置之不理，继续开车，最终那人放弃了。之后，她们把车开进附近的加油站检查，发现一切正常。如果歹徒执意要求你接受帮助，立刻婉言谢绝，更不要减速停车。

b. 歹徒另一种常见的诡计是假装撞车，故意和你追尾。如果有人撞了你的车，你哪怕有一丝怀疑，都不要下车。但离开事故现场是违法的，所以安全专家建议，开车去最近的警局，或是用手机报案。一定要待在车里，以免发生意外。

c. 如果碰到陌生的“热心人”的时候你恰好已经停车，请不要慌张，立刻锁好你的车门，关上你的车窗。与陌生人隔着车窗说话，并趁其不备将车开走。实在没有机会离开也别害怕，千万不要离开自己性能良好的车，应设法利用车中的一切设备引起他人的注意，比如使劲按喇叭，或者鸣笛发出警报。如果时间足够，立刻用手机报警。

d. 如果车抛锚了，你应该打开前盖，在天线上挂一块白布。要是有人停车帮忙，你就待在车里，锁好车门，请他们打电话报警或与修车厂联系。

B.如果已经遭到歹徒袭击，你应该如何逃生？

a. 立刻开走你的车子，如果你此时还在车里。无论之前他如何威胁你，你都不要犹豫，立刻开走你的车子，离歹徒越远越好。如果你已经受伤，不要拖延时间，立刻报警并拨打急救电话。

b. 把车子往自己熟悉的道路上开，如果这段路令你难以辨识，往人多的地方开，并大声呼救，用各种方法引起他人注意。如果是深夜，要像玛吉一样，往有亮光的民宅方向开，千万不要放弃希望，情况危急时，无论多么困难，都要下车寻求救援，千万不能待在车里等死。

c. 要一直按住车喇叭、打亮车灯等制造异况，以便引起他人对你的注意。

C.如果你像玛吉一样大量失血，你该如何应对?

a. 首先你要清楚，伤者大约失血 20% 时就会造成晕厥症状，失血 30% 时如果没有及时抢救就会造成休克，失血 40% 或者以上就十分危险，要是没有及时得到救治将濒临死亡。你可以利用这条知识充分衡量自己的伤势，不要因为流血而丧失理智，放弃希望。

b. 当失血过多时，人体得到的氧气和营养成分不足，肌体会出现缺氧的症状，此时你将感到呼吸困难、浑身无力、意识模糊、思考困难等现象，所以在最短的时间内得到救援是非常重要的。

▲与陌生人隔着车窗说话才相对安全

c. 如果你的伤处在动脉，血液就会由于血压喷涌出来，这是最为危险的情况。如果不能立刻止血或者得到抢救，后果堪忧。如果伤处在胃部也极其危急，因为胃酸是强酸，如果胃部被刺穿，胃酸会腐蚀内脏，15 分钟之内没有得到抢救，后果很难想象。

d. 不论你伤在何处，体内的血液流失超过 2/3，情况都将变得极其危急。一定要抢在流血过多之前找到救援措施，必须争分夺秒。

白马王子的约会陷阱

引言

约会当中，风度翩翩的白马王子摇身变成了恶狠狠的强奸犯！此时，你该如何应对？

身为一名大一新生的女孩凯蒂，心中满怀着对爱情的美好憧憬。很快，她新结识了一个男朋友，并认为他就是自己心中的完美先生。然而首次约会后，她眼睁睁地看着自己心中的白马王子竟然成了一名暴力强奸犯……

▸▸▸ 恋 情

英俊的彼得举手投足间都那么充满魅力，被众多女孩包围着、崇拜着，就像一颗闪亮的星星。那一刻，凯蒂觉得，他就是自己心目中的白马王子，而彼得似乎也对她有特别的好感。

凯蒂·科斯特纳是美国弗吉尼亚州威廉玛丽学院的大一新生，新学期伊始，生性烂漫的她兴高采烈地踏上了求学之路，她为人生即将开始的这段新旅程而兴奋不已。

▼凯蒂·科斯特纳

不久，凯蒂在一次宿舍派对上认识了彼得，他面貌英俊，性格开朗，举手投足间都透露着一股迷人的魅力。尤其是他笑起来非常明亮，就像一道阳光从树叶间洒下来一样。女孩子们都围着他转，凯蒂也像大多数新生女孩一样，被他深深地迷住了。她觉得彼得简直就是她心目中的白马王子。

▲凯蒂结识了面貌英俊的彼得

而彼得似乎对凯蒂有着特别的好感，他主动与她交谈，并且言语之间充满了赞赏之情，这点十分讨凯蒂的欢心。他们畅谈甚欢，互诉衷肠，30 分钟后，彼得牵起了凯蒂的手，轻轻地拥抱了凯蒂。

年轻而天真的小姑娘凯蒂，在瞬间跌入了一张玫瑰色的情网。世界都变了模样，每一天她都因为能见到彼得而快乐不已，特别是彼得英俊的面孔出现在教室门口，惹得一群群女生妒忌地窃窃私语时，凯蒂的虚荣心得到了极大的满足。快乐到忘乎所以的凯蒂甚至想赶快带彼得回家，告诉父母自己认识了一个多么棒的男人。

“下了课再来找你？”彼得靠着教室门，语调轻快地问。他的脸就像一张完美的画，或者是大师的石膏像，那么棱角分明。他把书包随意地搭在肩上，看上去从容闲适。

“好的！”天真的凯蒂笑成了一朵花。

笑意从彼得脸上沁出来，就像阳光一瞬间穿透了树叶，“太好了，再见。”他朝她挥手。

“好的，再见。”凯蒂恋恋不舍地说。

▸▸▸异　样

彼得从桌下抽出一支娇美的红色玫瑰，送到凯蒂的面前。不知为何，凯蒂觉得玫瑰在暖黄色的灯光下美得有些不真实，就像彼得热切的眼神一样，都让她感到不大舒服。

第一次约会，彼得和凯蒂去了校外一家浪漫的法国餐厅。幽雅的环境使得凯蒂芳心大悦，举止彬彬有礼的彼得更令她陶醉不已。他绅士地替凯蒂开门，请她入座，为她倒上金黄色的香槟……凯蒂觉得自己沐浴在温暖的阳光中，就像一个集万千宠爱于一身的公主。

饭吃到一半，彼得忽然从桌下抽出一支娇艳欲滴的红玫瑰，“这是送给你的。”彼得的脸上带着殷切的笑容。

▼凯蒂与彼得的第一次约会——玫瑰般的浪漫晚餐，梦幻得有些不真实

凯蒂没有想到彼得会如此浪漫，她开心地接过鲜花：“真漂亮，谢谢你！真的很漂亮！”玫瑰在暖黄色的大厅灯光下美得有些不真实，就像彼得脸上的笑容一样。不知怎么，那笑容有些过分浓烈，令凯蒂隐隐感觉不安。

他们用过晚饭，正在闲聊之际，彼得忽然神秘兮兮地靠近凯蒂的面孔说：“跳个膝舞怎么样？”

凯蒂大吃一惊，因为她曾经告诉过彼得，自己不是随便的女孩。在凯蒂的思想里，膝舞永远是夜总会里的脱衣舞娘用以取悦客人的下流伎俩，那舞姿激情放纵，充满了挑逗性。彼得的这种暗示，代表性欲而非爱情。凯蒂

◀曾经在校园里，凯蒂告诉过彼得不喜欢婚前性行为

觉得非常不舒服，因为在这次约会之前，凯蒂曾经很明确地告诉过彼得，她不想在婚前发生性关系。

“对不起，我记得我说过，我不想在婚前发生那种事。这对我来说非常重要，真的。”凯蒂不得不拒绝彼得。

彼得眼中热切的光芒顿时黯淡了，不过他很快说道：“我完全尊重你，这样做很对。”可是凯蒂发现他看上去完全是一副沮丧的样子，这让凯蒂有点心存不忍。

“我只是开玩笑，我不是那个意思。”彼得诚恳地为自己提出的要求道歉。

凯蒂决定原谅他，尽管彼得在她心中白马王子的形象骤然消逝，取代的是一种隐隐的反感。

▶▶▶ 忽　变

听着激昂的音乐，彼得的眼神忽然变得很迷离。他的手不知何时从凯蒂的腰上滑到了臀部，另一只手则移到了她的胸前。凯蒂大吃一惊！

晚餐后，美国大学的情侣一般都会去兄弟会之类的场合，但是凯蒂不想被逼着喝酒，也不想去酒吧那种地方，她不想喝醉。于是她对彼得说：“我们回宿舍跳舞吧，不会打扰室友的，她们出去度周末了。”

彼得同意了凯蒂的请求，两人一起回到了凯蒂的宿舍。

“我还录了一盘磁带呢。”凯蒂俏皮地对彼得说。

“听听看！”

激昂的音乐声响了起来，鼓点震动着两个年轻人的神经，令他们不由地摆动身体，跟上音乐的节拍。

“我们跳个舞怎么样？”彼得提议。

凯蒂轻轻地点了点头。录这盘磁带花了凯蒂几个小时，就是为了能够和自己心爱的人共享，一面听着它，一面在房间里跳舞、聊天……而这一切，都在今晚实现了，凯蒂觉得对于大学情侣来说，这真的是一个浪漫的夜晚。

▼凯蒂与彼得在宿舍里跳起了舞

凯蒂把手搭在彼得肩膀上，把头埋在彼得胸口。两个人随着音乐摇摆身体，凯蒂几乎迷醉在这样浪漫的氛围里。

但是过了一会儿，凯蒂开始觉得有些不对劲。彼得的手不知何时从她的腰部滑向臀部，并在凯蒂的屁股上不停地抚摸，而另一只手已经落在了凯蒂的胸部。

“别这样。”凯蒂羞涩地小声说。

可彼得的手并没有停下来。

“别这样。”凯蒂提高了音量，她有些羞愧地将彼得向外推，可彼得却加大了手上的力量，他开始动手脱凯蒂的衣服。

“彼得，住手。我说真的，住手！”凯蒂又羞又气，她觉得自己受到了轻薄。

“住手？”彼得眼神迷离地说。

“对，住手！你这样让我很不高兴，知道吗？”凯蒂用手掩着胸口，羞惭地转过身去。她只穿了一件吊带裙子，刚才彼得弄得她的肩带都要掉了。

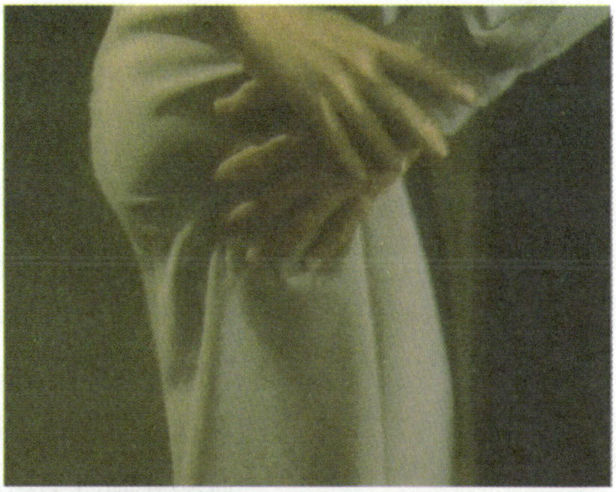

▲彼得开始对凯蒂进行身体上的侵犯，凯蒂一心想要推开

“住手，住手，住手，是吗？”彼得的声音很奇怪。他的眼神更像一头野兽。

当凯蒂转过身的时候，他居然开始脱自己的衣服。

凯蒂又惊又怕，“你在干吗？”

“放松，宝贝儿。”彼得像是被恶魔操控了一样，他的眼神空茫，并一件件地把外套、裤子往下脱，露出了赤裸的胸膛，下身也只剩下一条内裤。

年轻的凯蒂吓呆了，她想用手捂脸，觉得自己看到了非常恶心的东西。她情不自禁地呵斥他：“住手！住手！彼得，你疯了吗？”

可彼得完全没有住手的意思，他把全身的衣服脱得干干净净，并且看上去十分猥琐。“哇噢，这样很酷，凯蒂。”他竟然伸手去脱自己的内裤。

凯蒂不由地向后退，“我是认真的，住手！”她抓起手边的枕头向他砸过去。

“干嘛拿枕头砸我？”彼得似笑非笑地看着凯蒂，忽然直直地向她扑了过去。

凯蒂开始以为彼得在闹着玩，但对方的架势却不是在开玩笑。没等凯蒂反应过来，彼得已经压在了她身上。

▶▶▶凌　辱

彼得压在凯蒂身上，粗暴而剧烈地侵犯她。凯蒂用尽全力抵抗，但是徒劳无功。凯蒂感到一阵难忍的剧痛，不仅是身体上，还有心灵。

▼彼得招呼凯蒂过来并道歉，凯蒂又一次原谅了他并听彼得的话，准备歇息

“住手！彼得，住手！不！我是说真的！下去！下去！你弄疼我了！走开！听我说……”凯蒂奋力反抗，但就在这时，彼得居然松开了她。

凯蒂坐起身来，直直地看着他，问：“你为什么要这样？”彼得垂着头不回答，一副心碎的样子，这令凯蒂觉得如果自己不和他发生关系的话，他会认为自己拒绝的不只是他的要求，而是他这个人。凯蒂不知该说些什么，气氛一下子变得尴尬。

彼得没有道歉便倒头睡着了。凯蒂在角落里呆呆地坐了好几个小时，她怎么也不敢相信刚才所发生的一

切，她觉得也不会有其他人会相信这件事情。

凯蒂很担心如果彼得就这么走了，他会不会在他的那些朋友面前说她的坏话；她害怕自己成为大家议论的话题；她还害怕再发生任何问题。她甚至想到，如果彼得再给她打电话，她一定会在电话里对彼得说“我觉得这种关系让我很不舒服，我想我们还是分手吧”这样的话。

凯蒂胡思乱想了一夜，墙上的挂钟走到了早上5点。

事情发生了令人意想不到的变化。彼得醒过来了，用一副若无其事的口吻问道：“怎么了，凯蒂？你干嘛坐在那儿？”好像昨晚的一切都不曾发生过似的。

凯蒂如实回答道：“我头很疼，还觉得恶心。我一夜没睡。”

“你很难受吗？”彼得一副关切的样子，凯蒂可怜巴巴地点了点头。

“对不起，我保证以后再也不这样了，对不起……别难受了，你应该睡一会儿觉，到这边来。”彼得一脸做错事的表情，那张英俊的面孔实在令人爱怜，他似乎真的认识到自己错了，于是凯蒂心软了，况且，凯蒂也确实非常疲惫，于是她犹豫地慢慢爬到彼得身边躺下。

▲凯蒂坐在角落里，难过而惊恐地看着睡熟的彼得

▼彼得睡醒后若无其事的样子

可彼得立刻凑过来亲凯蒂的脖子，并且越来越激烈。

“别，我很累，想睡觉，别碰我！”可怜的凯蒂本能地闪躲，“别碰我，我累了，想睡觉。住手！”但是不管她说什么，彼得都充耳不闻，死死地压在凯蒂身上，令她动弹不得。

凯蒂的挣扎是徒劳的，彼得牢牢地控制住了她。接着，凯蒂感觉到一阵难忍的剧痛，彼得再次粗暴地侵犯了她的身体。

凯蒂非常吃惊，她喊不出来，也动弹不得。她拼命想要保护自己，她浑身的肌肉都紧绷着来进行反抗，但她的力量在一个欲火焚身的色魔面前显得太过羸弱。凯蒂想狠狠地给彼得两个耳光，可压在身上的彼得就像铅块一样沉重，令她无力反抗。此时的彼得完全是一只野兽，一只毫无怜惜地蹂躏女性的禽兽。

凯蒂的嘴里有了腥甜的血的味道，她连嘴唇都咬破了。眼泪如泉涌般从她眼中流下来，凯蒂羞辱地闭上了眼睛。

不知道过了多久，彼得终于离开了凯蒂的身体。当凯蒂虚弱地回过神来的时候，这个禽兽已经穿戴整齐了。他气定神闲地站在门口说：“谢谢，我们早餐时见，好吧？”他甚至对她说“谢谢”。

▼凯蒂一个人痛苦地躺在床上

被一个自己认识的男人强奸，这让凯蒂受到了难以想象的打击。她胸中本来满怀着美好的憧憬，她原本以为她的王子会骑着白马带着她行走在花园里，可现在她却陷入了地狱。

凯蒂在床上躺了很久，然后，她慢慢走到洗手间的水池边，看着镜子里的自己。

镜子里的女孩容颜憔悴，头发凌乱，脸上有一种欲哭无泪的神情。

凯蒂忽然觉得恶心，觉得想要呕吐，镜中那张痛苦的脸让她觉得麻木而陌生，“这是谁？镜子里的这个人是谁？”她觉得自己已经不再是从前的自己了！

▸▸▸ 决　心

凯蒂不敢告诉别人自己的遭遇，她害怕成为别人的笑柄。直到她又一次在学校碰到了彼得，彼得的一番妄语令她气得说不出话来，凯蒂意识到，自己不能再沉默下去了。

▲事后，凯蒂犹豫不决，她在考虑要不要报警或告诉其他人这件事

▼小痞子一样的彼得总是出现在凯蒂面前奚落她

起初，凯蒂没有跟任何人说起这件事。遇到这种肮脏的事令她觉得难以启齿。彼得明显地冷落她，身边又围满了不知情的天真女孩，看得凯蒂只想作呕。她形单影只，无法正常的与任何人交流，她的身心都受到了重创，她觉得自己彻底地失去了自信，是一个被践踏了自尊的人……她甚至不敢在公共场合抬起头。凯蒂担心彼得已经告诉了她的朋友，他们一定会嘲笑她的！

经过两天的痛苦思考之后，凯蒂终于鼓起勇气，将整件事告诉了宿舍指导老师。那是一个和蔼的中年妇人，她带着凯蒂去见了学生处主任。主任听说了事情的整个过程，对她语重心长地说，“你应该报警，他的行为属于强奸。”

而凯蒂沉默了。她不知道该怎么对警方说，她觉得十分羞愧，十分难为情。凯蒂觉得此事公开，自己一定会成为全

校的笑柄。

但是几天后，她在学校又碰到了彼得。凯蒂想躲开，彼得却若无其事地径直向她走来。

“听说你爸爸知道你不是处女了很生气，他也太古板了吧。你不要担心，我会给他打电话的，告诉他我是一个好人。”不等惊愕的凯蒂回神，他又说：“你第一次太僵硬了，我们还需要继续磨合。”说罢，他得意洋洋地扬长而去。

凯蒂又羞又气，顷刻间，她突然明白过来，彼得还没打算放过她，如果她继续保持沉默的话。凯蒂意识到自己必须马上采取行动，不能让他再一次伤害自己，甚至别人。

▸▸▸ 抗　争

凯蒂报了警，但由于缺乏证据而被驳回。学生处对彼得进行了校内裁定。事情没有到此告一段落，为了避免更多像凯蒂一样天真的女孩受害，凯蒂开始带着自己的遭遇在全国各大院校巡回演讲。

凯蒂下定决心，报了警。警方告诉凯蒂，强奸案很难证明，如果她不能提供足够的证据的话。因为事发现

◄►现实中，真正的凯蒂用现身说法来告诫美国各大院校的女大学生，不要让约会强奸的悲剧发生在自己身上

场只有凯蒂和彼得两人，但凯蒂不愿放弃，她要求学生处主任进行校内裁定。裁定结果认定彼得有罪，并禁止他进入凯蒂的宿舍楼，但凯蒂认为这种处罚显然不够。

“他虽然不是那种凶恶残忍的杀人犯，但是他欺骗了我，夺走了我的贞操，侵犯了我的人格，他应该付出代价。”凯蒂坚定地说。

她开始在全国各大院校巡回演讲。

凯蒂决心不再让约会强奸成为“沉默的罪行”。她将她的遭遇化作一篇充满血泪的控诉，将给曾经和她一样天真、烂漫、充满了纯洁幻想的女孩儿们警示，提醒她们提防自己身边的“白马王子”，会不会给她们设下同样的约会陷阱。

凯蒂站在演讲台前，勇敢而坚定地说：“强奸对人的影响很大，你可能会从此对他人失去信任，甚至憎恨整个世界。我们必须勇敢地站出来进行控诉，我们不能沉默下去。”为了避免更多的人受害，凯蒂一直在努力着。

如何应对？

约会强奸是社会中普遍存在的问题，很多受害人都在16岁到19岁之间。千万不要让这样的事情发生在你身上，一定要学会自我保护。要牢记下面的几条知识：

A.和对方约会时，你都应该注意些什么？如何提防对方并保护自己？

a.首先，你需要要求对方始终尊重自己。很多歹徒都会因为一念之差，酿成犯罪事实。如果是两个人单独约会，尤

▲约会时小心饮酒

其是初次约会，一定要合理穿着，不要过分暴露，这会给对方造成一种你性格轻浮、充满挑逗的错觉，也会给对方的暴行带来可乘之机。不要轻易与对方发生身体接触，更不要被对方的花言巧语一时冲昏了头脑，要知道，很多男人在想与你发生关系之前都会甜言蜜语，那并不是肺腑之言，只是他们为了达到目的而采取的手段。

b. 如果对方对你进行语言暗示，希望与你发生关系，不就是不。除非你想发生关系，否则绝对不要答应对方。意志一定要坚决，不要因为歉疚、怜悯而就范。要知道，真正爱你的男性不会一心只想得到你的肉体。千万不要像凯蒂一样，因为心软而一再原谅歹徒，终于给自己带来伤害。

c. 约会时小心饮酒。约会强奸多由吸毒或者饮酒引起。有研究显示，约会时遭受性侵犯的人有 55% 都曾喝酒。彼得当晚就喝了葡萄酒，他还强迫凯蒂喝下香槟。第一次约会时不要去酒吧，不要和你不认识或者不信任的人出去喝酒。酒精会刺激人的神经，使人丧失理智，还有可能成为歹徒犯罪的借口。

▼氟硝西泮与饮料混合后无色无味，极难察觉

d. 留意自己的饮料，因为它有可能成为毒品的伪装，特别是氟硝西泮。这种毒品如同白色药片，一面画有细线，另一面则有“洛西普罗 1”或“洛西普罗 2”的字样。它无色无味，溶在饮料里，会使人眩晕，并丧失记忆。还有一种毒品是 GHB，美国密苏里州的一名强奸犯就是借助它强

奸了一名女士。受害人第二天什么也不记得，在被带到医院之后才发现出了问题。在医生们的帮助下，她对强奸犯提出了控诉。GHB 又叫“液体迷幻药”，是种透明液体，味道很咸，但放入酒中不会让人察觉。只需很小剂量，它就会让人情绪高涨。剂量稍大则会让人迅速晕厥，甚至死亡。有些酒吧会为女士提供检测毒品的试纸，滴几滴饮料到纸条上，如果其中含有 GHB 或者克他命等毒品，纸条就会变蓝。试纸是百分之百准确的，但对葡萄酒和果汁无效，所以最好别喝陌生人给的饮料，并始终留意自己的饮料。

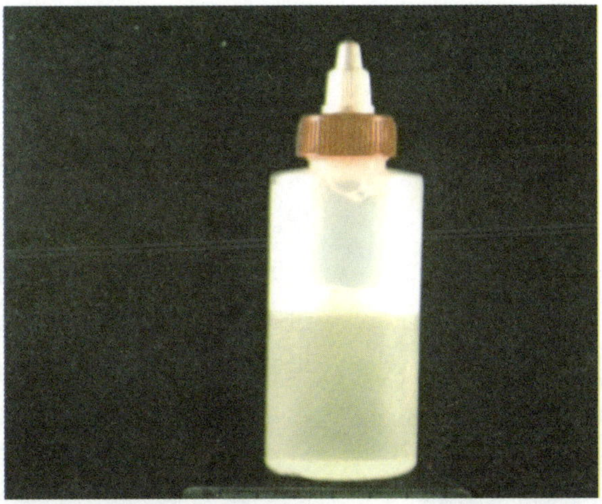

▲毒品 GHB，又叫“液体迷幻药”

B.恋爱过程中，哪些信号代表对方对你有非分之想？如何保护自己不受侵犯？

a. 留意对方是否与你的身体有过多接触，避免这样的情况发生。如果在你反抗的情况下，对方还不放手，那他不是开玩笑，而是想侵犯你。你就要小心了，要与对方保持距离，并让自己处在人多的安全地带，或者迅速与对方分开。

b. 如果对方总是吹嘘自己的性经历，或者说“你跟我在一起真是你的运气”诸如此类的话，他想要的也是控制，而不是爱。这代表他的性格较为偏执、自大，对这类人应速速与其分手。

c. 如果对方与你认识不久，就很快要求单独跟你在一起，也要多加注意。最初的约会，都应该选择人多的公共场合，不要答应对方任何单独相处的请求。

C.如果你已经遭遇色魔侵犯，你该如何应对？

a. 美国联邦调查局将约会强奸犯分为两类，最常见的是“力量再保证”型强奸犯，也被称为“绅士强奸犯”。也就是说在大部分强奸案中，罪犯通常都会有一定的犹豫心理。他们认为自己是在示爱，是在取悦女性，而不是在犯罪。此时，你应该坚定、明确地阻止这类罪犯，你可以说：“别过来，我不想这样。住手！这不是爱，这是强奸！”或是“如果我报警，你会进监狱的”等警示话语，令他清醒过来。

b. 如果上述方法起不到作用的话，你遇到的就可能是第二种——“力量武断”型强奸犯。此时的罪犯会一心想要侵犯你，他会通过威胁来达到目的，你应该加大反抗力度。你不需要对其怜悯，必须抓住任何机会反抗。在美国罗德艾兰州，一名妇女在遭遇“力量武断”型强奸犯时，她把自己锁在房内，拨打了911，警察迅速赶来，逮捕了强奸犯。

▼为女士提供检测毒品的试纸

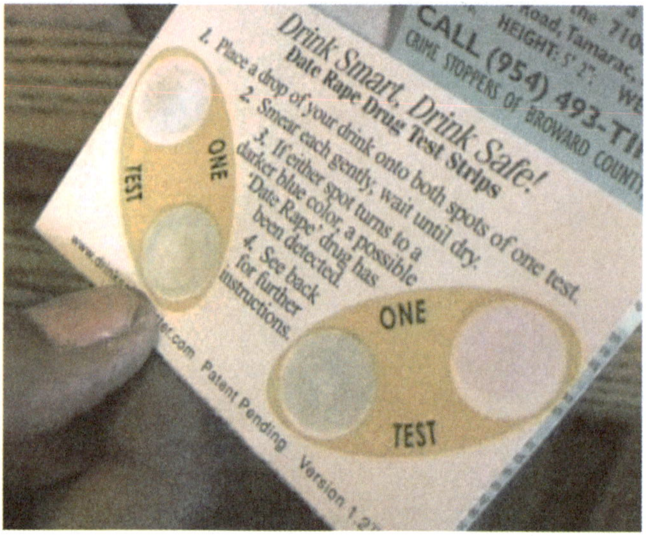

你知道吗？

如何应对电话骚扰？

如果你在家里接到一个奇怪的电话，来电者既不是你的朋友，也不是你的亲戚，他却不断地对你进行骚扰，你该如何应对呢？

引言

深夜，你孤身一人在办公室工作。一个黑影从你的背后扼住了你的喉咙。你该如何应对？

很多人都有过有独自一人深夜办公的经历。你静坐桌旁，周围一片静寂，你意识到这样做的危险性了吗？青年女性辛迪就遇到了一只悄悄伸向她的“夜半魔爪”……

夜半魔爪

▶▶▶魔　爪

辛迪习惯了深夜加班，这一天对她来说也很寻常。大概深夜3点，四下无人，辛迪正准备小睡一会的时候，一个人悄悄地站在她背后，扼住了她的咽喉。

▼辛迪与玛丽正在交接夜班

对美国加州大学旧金山医学中心放射科的辛迪·海亚施来说，这是寻常的一天。

“你走之前能把这个归档吗？”辛迪将一本文件递给她的同事玛丽，正要下班的玛丽一边穿外套一边同辛迪点头，“当然。”她说。

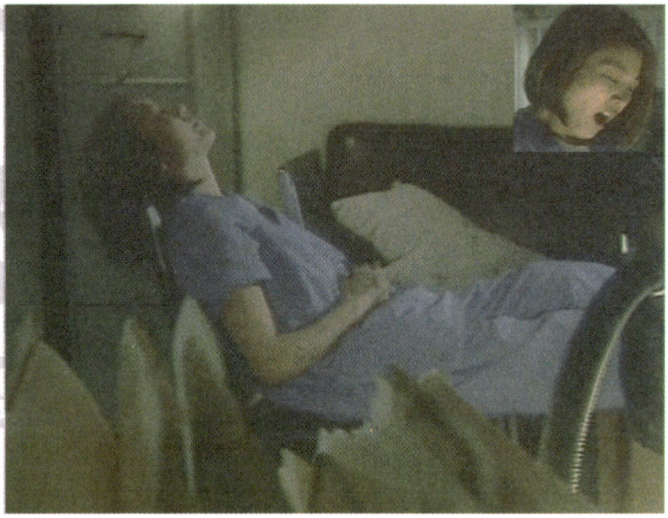

▲有些倦意的辛迪打算在值班室里小睡一会

辛迪是来替玛丽的班的，每天这个时候，辛迪都会穿过长长的病房走廊，与站在前台的玛丽交接。之后的整夜时光，辛迪都要在医院度过。

“辛迪。”玛丽叫住她，“每天晚上这样值夜班，你觉得辛苦吗？整夜都要一个人守在这里，如果是我，也许会有些害怕的。”正要离去的玛丽一面挎上背包，一面随意地问了一句。

“但我早就已经习惯了。每天午夜到次日早上，我可以听会儿音乐，时间会过得很快，周围也很安静。”辛迪耸耸肩膀，愉快地说：“对我来说，我喜欢这样的工作。”

“那祝你晚上愉快。”玛丽拥抱了辛迪。

“你也是。”辛迪说。

告别了同事，辛迪开始了自己的工作。值夜班的工作有时候会很多，因为无论什么紧急状况都归这个人管。所幸这天晚上辛迪并不繁忙，她看完了一个急诊病人，把他们送下楼之后，医院里便静悄悄地，只剩下她一个人。

辛迪独自走进资料室，准备去整理一会儿文件。

此时大概凌晨3点，辛迪坐在寂静的办公室里，背对着门，打算靠在椅子上，稍作休息一下，直到再有患者进来。如果一直没人进来的话，她就可以趁机打个盹。

这时候，周围只有深夜里虫鸣的声音，和空调器发出的微微的噪声。没有人进来，办公室里非常安静。辛迪开始觉得有些困倦，她打了几个哈欠，慢慢地靠在椅子背上。

在她迷迷糊糊地想要睡着的时候，辛迪完全没有察觉到，一个黑影已经悄悄地潜入了她的办公室，并无声无息地站到了她身后。

黑影从后面的椅子上悄悄拖起一张坐毯，劈头朝辛迪的脑袋盖过来。他的动作那么迅速，浑然不觉的辛迪甚至来不及回头，就被毯子一下子蒙住了头部。

突如其来的变故使辛迪大惊失色，她本能地剧烈挣扎！她感觉到一只黑手死死地掐住了自己的脖子，令她无法呼吸。辛迪的第一感觉是诧异，但作为一名习惯了经历流血和伤病的急诊医生来说，她并不是特别惊慌，但那只卡在辛迪喉咙上的“魔爪”着实令她喘不过气来。

辛迪拼命地挣扎，双脚乱蹬，把旁边的椅子踢得东倒西歪。眼前一片漆黑，.她本能地去掰掐在脖子上的那只手。

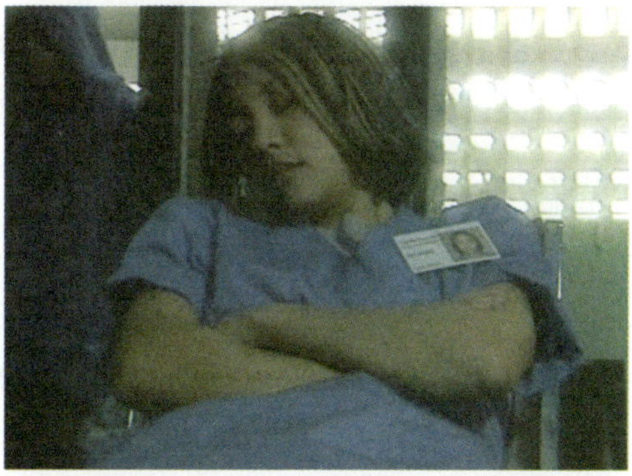

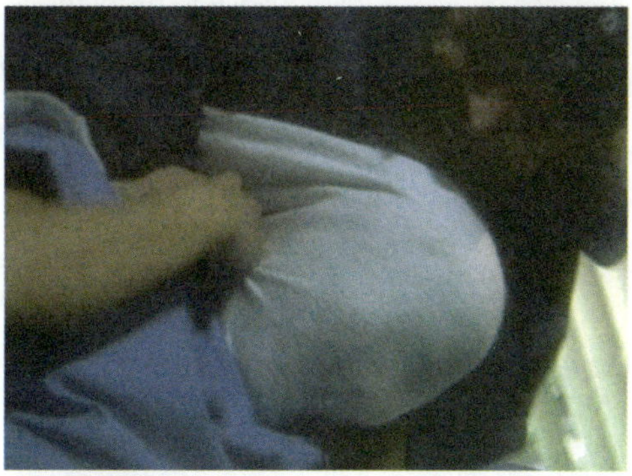

▶▶▶ 搏　斗

辛迪的喉咙被人死死地扼住了，她呼吸困难，眼前一片漆黑。那个时候，她忽然产生了一股顽强的斗志，她开始拼命地挣扎，终于掀掉了头上的毯子……

▲歹徒悄悄溜进办公室

■背对着门口睡着的辛迪浑然不知歹徒已经站在她身后

▼歹徒拿着坐毯准备突袭辛迪

那双手越掐越紧，看来那个人想要辛迪的命！辛迪的头被蒙住了，她看不见袭击者，只能出于本能地死命挣扎着，并试图掰开那只手。

就在这个时候，辛迪的内心蓦然燃烧起一股顽强的斗志。她马上明白了自己的处境，“如果我放弃挣扎，那样歹徒就得逞了。”好强的辛迪决不允许歹徒肆意妄为下去，她加大了挣扎的力度，并用手使劲地扣动。辛迪在试图揭开头上毯子的同时也给歹徒的“魔爪”上留下了深深的指甲抓痕。

辛迪听见了歹徒恶狠狠的呵斥声，他威胁她道：“把手放下！把手放下！”从声音上能感觉出歹徒是一个蛮横的中年男子，“嘿！听到我说话了吗？把手放下！”

辛迪的脑海中闪过一个大大的“不”字，自幼意志力顽强的她曾经亲手勒死过一条蟒蛇；还是学生的时候她就跟着医生见识过很多惊心动魄的大手术，成为急诊医生后的她更是一点也不畏惧鲜血和手术刀！辛迪非常冷静，内心冷笑道：“不，我决不。”

由于黑暗中看不到目标，辛迪用自己的手机械地抓扯着自己的喉部，几乎是碰到什么抓什么。最后，辛迪抓住了歹徒的小指，她立刻使劲地把它往后扳，直到听

◀ ▶辛迪抓到了歹徒的手指，用力掰断，歹徒痛不欲生

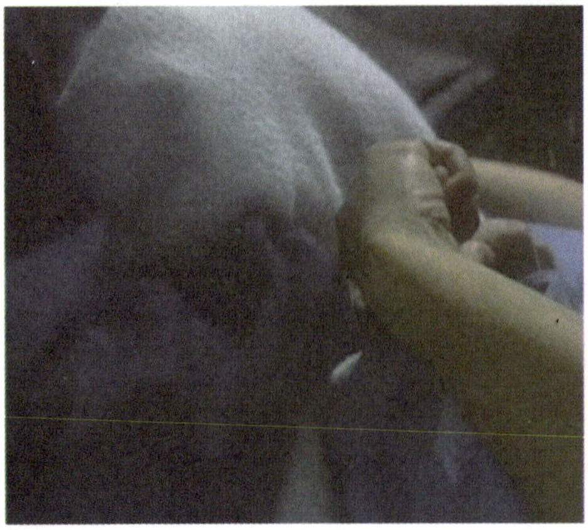

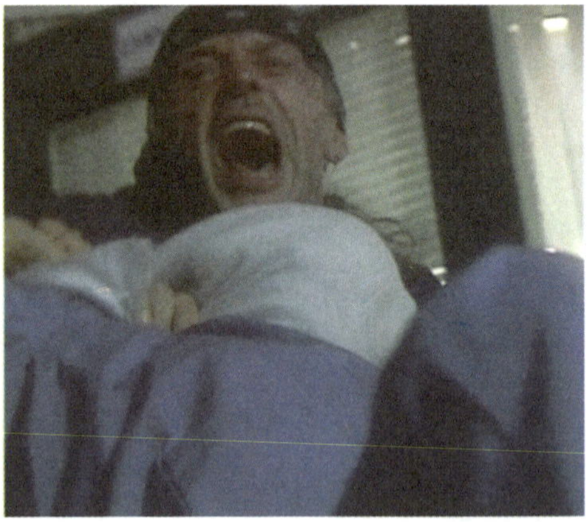

见骨头断裂的声音。

◀ ▶辛迪抓紧机会给歹徒重重一击

“啊——”歹徒发出了撕心裂肺的惨叫！辛迪感到一阵快意，因为掐在她脖子上的双手如同枯萎的藤蔓一样松开了她的喉咙，这正是她想要的结果。

辛迪被狂怒的歹徒大力一推，重重地倒在冰凉而坚硬的地板上。歹徒则捂着伤处，发出气急败坏的惨叫。

辛迪迅速甩脱了罩在她头上的毯子，她打量了一眼歹徒，发现面前站着的是一个素未谋面的中年男人。他身材壮硕，面相凶恶，一双眼睛露出两道冰冷的凶光，令人望而生畏。辛迪明白，现在的自己一旦想好了要反抗就得一往无前，如果动摇或者有所犹豫，就别指望能逃脱穷凶极恶的歹徒。

此时，辛迪感到格外镇定，心里计划着下一步行动。作为一名医生，辛迪非常清楚伤者的心理，特别是当自己掰断歹徒的手指时，这种剧痛必然会使歹徒暴怒，因此辛迪必须提防着歹徒更加猛烈的报复。

果然，歹徒喘息片刻之后便像一条疯狗一样扑向趴在地上的辛迪，这对辛迪来说有利极了，她一眼就看准了歹徒的腹股沟，朝那个部位猛击过去！

辛迪成功了，柔软的腹股沟是腹前外侧壁最薄弱的部分，而且辛迪使出了浑身的力气。恶魔被狠狠地击中了，他直挺挺地向后飞出了一米左右，还撞倒了一个输液架。剧烈的疼痛让这个恶棍倒在地上，甚至无力爬起来。

辛迪知道，她必须再给这个家伙点厉害瞧瞧，让他无力还击，否则时间拖得越久，对自己越不利。辛迪个子并不高，力气也不大，如果单纯与壮硕的歹徒搏斗，必定是自寻死路。于是，辛迪想到了刚才那个输液架，它是金属做成的，并且十分沉重，很适合用来攻击歹徒。辛迪迅速跑过去捡起输液架，劈头盖脸地朝歹徒打去，每一击都使尽全力，她知道自己必须背水一战。此时的辛迪就像一只被惹怒的猫，弓起了自己的脊背。

▼辛迪抓起倒地的输液架作为武器，歹徒开始惊慌失措

▸▸▸取　胜

辛迪用输液架狠狠地击打歹徒，令他几乎无法招架。歹徒显然被辛迪强烈的斗志吓住了，他爬将起来，向门口逃去。

▲辛迪握着输液架对落荒而逃的歹徒穷追不舍

▼突然辛迪意识到这样很危险就停住了追赶的脚步

冰凉的输液架一下下重重地打在歹徒身上，歹徒避之不及，只有眼睁睁地挨打。他显然没有料到辛迪会有这样强烈的反抗斗志，小小的辛迪眼中燃烧的火焰令他心惊胆战、措手不及。

歹徒一边犹豫着，一边挣扎着从地上爬起来，他最终选择丢下辛迪，慌慌张张地往门口逃去。其实，歹徒早就心生胆怯，他已经意识到这个小个子女人并不好惹，唯有三十六计“逃”为上。

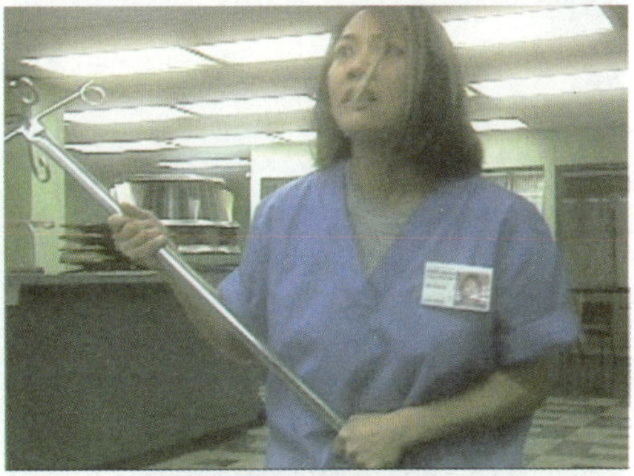

而辛迪并不想放过他，她举着输液架穷追不舍，从办公室里一直追到大门口。歹徒显然受了伤，脚步一瘸一拐，速度也很慢，简直狼狈极了！

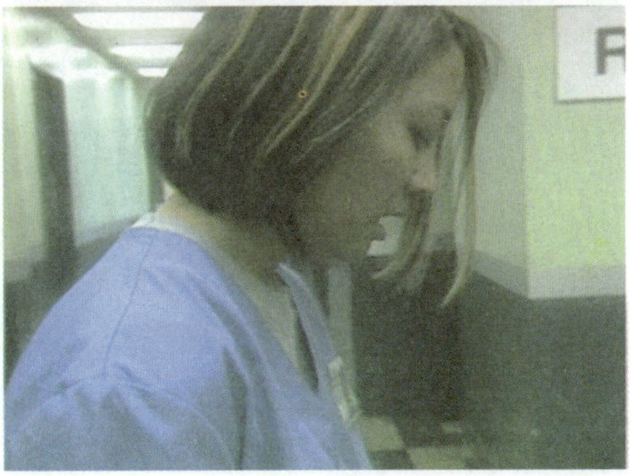

突然，辛迪意识到自己犯了个大错，她猛然刹住了。辛迪认为不能再追下去，因为这个暴徒有可能使诈，也有可能会忽然转身回击，更糟的是，说不定他身上还有枪，他要是开了枪，自己

就没命了。

这样想着，辛迪立刻停止了追赶的脚步。袭击者仓皇地消失在门外，向附近一个公园逃去。

辛迪马上返回办公室去拨打报警电话。医院其他科室的值班人员也闻讯赶来，询问起刚才发生的一切。辛迪这时才放松下来，她感觉浑身无力，因为刚才的搏斗使她浑身的肌肉都收紧了，并且就在她被歹徒推倒在地上的时候，给身体造成了一块块淤青和擦伤，但可怕的黑暗已经过去了，辛迪如释重负地长出了一口气。

警察随后赶来了，刚刚经历一劫的辛迪在警察面前显得十分镇定，她轻描淡写地向警察叙述了整个过程，并反过来安慰他们："我没事，谢谢大家。别担心我，好吗？"

▼辛迪向警察和同事讲述了事件的整个过程

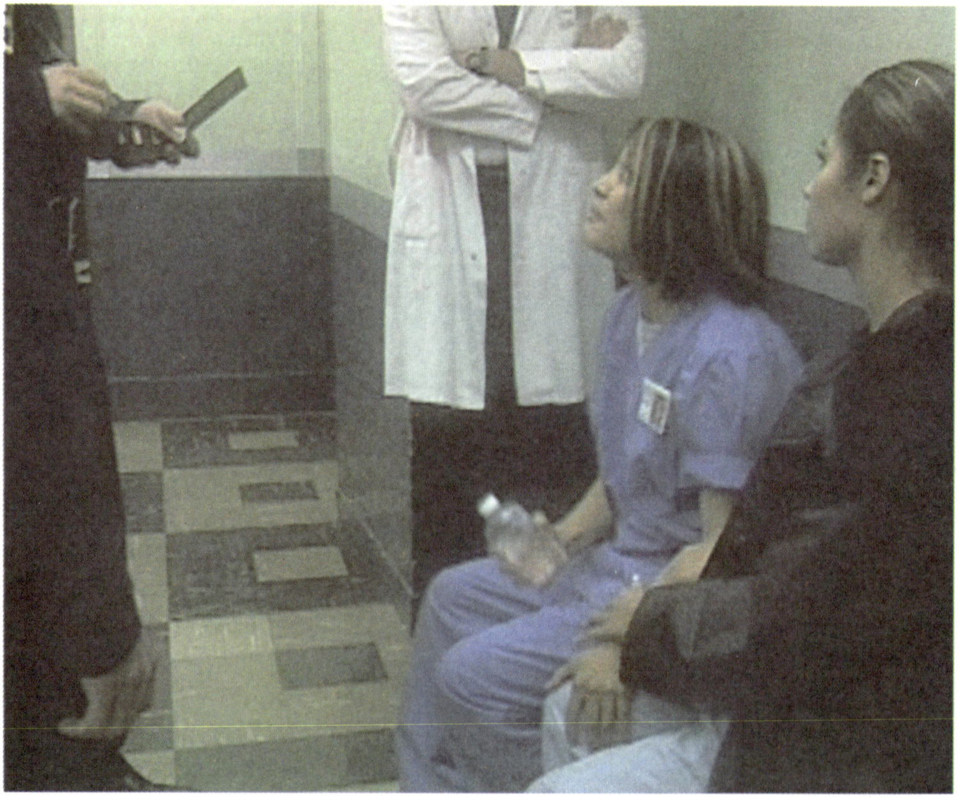

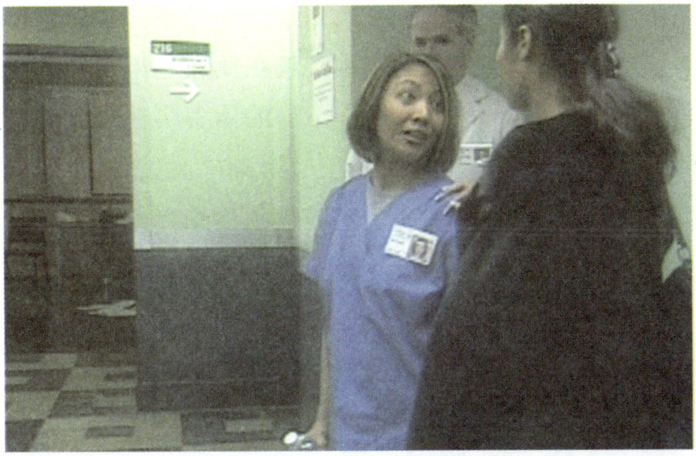

◀辛迪不顾同事的劝解，坚持继续值夜班

当警察问到她的伤势时，辛迪淡然地说自己只是脖子有点疼而已，这点小伤并不影响她继续值班。辛迪觉得这只是个意外事件，医院还得照常工作。“儿科加护病房还需要我，加护婴儿室还需要我，成人加护病房也离不开我。只要有人生病，医生就得上班。”她微笑着说。

▸▸▸ 反　思

袭击事件发生后，医院加强了安全保障的力度，在放射科里还安装了无声警报器，并且再也不允许技术人员单独值夜班了。

罪犯被查明是一个通缉杀人犯，在辛迪之前，他已经袭击并杀害了几名妇女，动机尚不明确。但这些受害者都有一个共同特征，就是她们都曾在各种警戒薄弱的公司里独自值夜班，并且缺乏足够的警惕。被捕归案之后，歹徒承认了所有的犯罪事实。

辛迪的同事和家人都为辛迪临危不惧的胆识而感到自豪，她所在的医院甚至专门组织了一场宣扬正确安全防范意识的讲演。辛迪说，回想那个恐怖的夜晚，其实

▲现实中真正的辛迪在经历那次夜袭后，很快就恢复到了正常平静的生活中

自己至今仍然很奇怪。现在比较起来，她和歹徒的体型实在是太悬殊了，事后想想，辛迪会感到后怕。可是势单力薄的辛迪居然打退了强悍的袭击者，是什么原因能让一个弱女子战胜暴徒，取得最后的胜利呢？辛迪不假思索地告诉大家，她赢在了自己拥有临危不乱的意志和勇气，这才是与歹徒搏斗的制胜法宝。冷静、镇定地想出对策，用最短的时间、最大的力量给歹徒致命一击。如果你自己先乱了阵脚，或者主动向歹徒示弱，那么上帝也无可奈何了。

如何应对？

面对悄然袭来的“夜半魔爪”，辛迪以顽强的抗争拯救了自己的生命。如果遇到类似情况，你该如何应对？以下建议也许会助你一臂之力：

A.为了防止深夜独自工作时被人偷袭，你都应该注意些什么？

a.如果你经常深夜独自工作，千万不要放松警惕。虽然这对你来说也许很平常，就像辛迪那样，你早就已经习惯当值夜班了，但你必须有所准备，一定要将手机等联系

◀女性独自上夜班是非常危险的

工具放在伸手就能拿到的地方，要么设置报警铃声，要么配备对讲机，总之准备任何能够与外界取得联系的工具及其方式。另外，最好随身携带一种防身武器，比如胡椒喷雾，或者上文中提到的能用于防身的任何器具。总而言之，一旦发生意外情况，你必须要保证自己处在有利位置。

b. 千万不要背对门坐着，这是所有警官都知道的事情。面对着门，你就能随时看见朝你走来的所有人。在工作地点，70％的袭击者都是陌生人，或者顾客。你需要留意所有走近你的人，并提高警惕。如果背对着门坐，就像辛迪，事发之前，她没有发现任何预兆，当她醒来时，袭击者已经对她下手。类似这样的情况就会对你非常不利。

▼可利用雨伞等手中工具作为武器防身

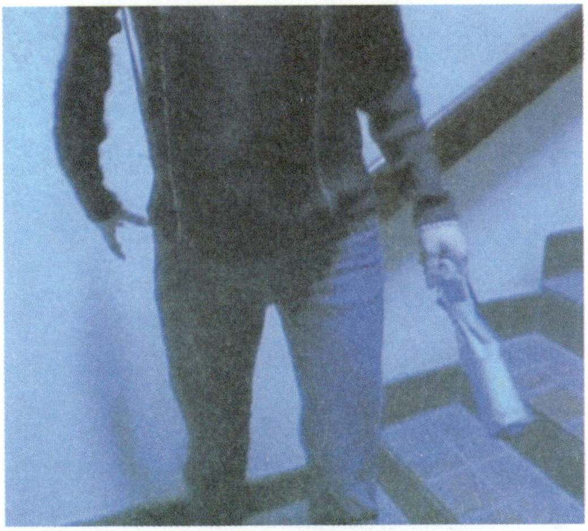

B.如果歹徒向你发起攻击，你该如何应对？

a. 单纯斗力是不可取的，一定要在起初给他致命的打击。就像辛迪一样，一旦发起攻击就要孤注一掷。

b. 如果你遇到类似情况，争取时间脱身并找到救援。女性与歹徒单打独斗肯定是下下之策，无论你多么有勇有谋，都不如找到救

援最安全，所以努力往门边移动，争取逃跑的几率，并尽量往人多的地方跑才是女性救护的最佳选择。

c. 在实在无路可逃的情况下，武器会有所帮助。但哪儿有武器呢？你可以方便地利用办公室里的各种东西。带尖的东西，可以用它戳向目标，比如辛迪使用的输液架；长形的物体，就拿它当棍棒使用，美国堪萨斯州一名女性用重型订书机打中了一名强奸犯的头部。而扁平物体，则可以当盾，用以抵御袭击者的进攻，比如公文包等都可以使你免遭重拳或者利刃的伤害。你还可以用衣帽架，或者抽屉里的剪刀。美国加利福尼亚一名女性用雨伞当武器，成功地赶走了一名企图对她施暴的人。但无论如何记住，这不是一场一二回合的战斗，并不是所有的人都可以像辛迪那样，打晕袭击者，然后跑开去求助。大多数情况下，你能找到的武器，袭击者也能找到，因此，要确保你的第一次出击像辛迪那样既稳又狠，然后伺机逃跑。

d. 无论是何种情况，你都要沉着冷静，随机应变。关键时刻，人的求生意志是非常强烈的，千万不要轻言放弃。

▼在办公室里，随手可拿的书、公文包等都可以用来防身

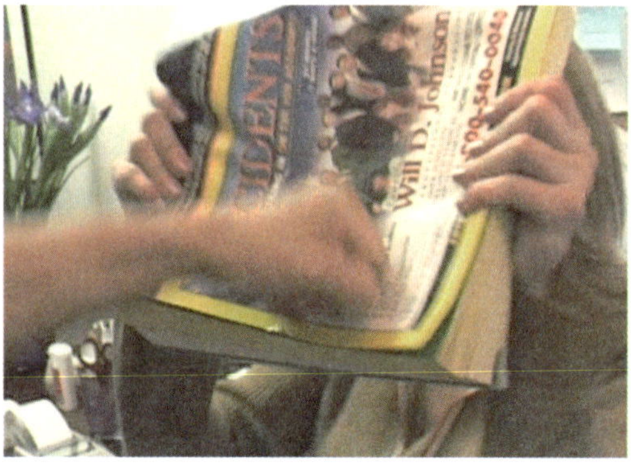

C.特殊情况下，女性如何与男性歹徒搏斗，才能一招制敌？

a. 男性有着健壮的身躯和有力的肌肉，但他们都有一个脆弱的地方，那就是鼠蹊部。所谓鼠蹊部就是指男性的睾丸，其神经与大脑相接，睾丸受到压力可以使大脑眩晕，

甚至可以让男性当场休克，从而使女性脱离危险。因此袭击鼠蹊部是占领先机的关键，尤其是当你和辛迪一样，正好能够轻易触及歹徒下体时，一定要使用这一招。如果你是站着的，可用脚踢、膝顶、手抓、掌撩、揪拉等方式袭击，其中用脚踢、膝顶和手抓三种方式攻击阴囊最为有效。它的原理是：使阴囊内的睾丸受到由下而上的巨大作用力，与其正上方的耻骨猛烈碰撞而破碎。女性的腿部力量并不弱，且柔韧性较好，踢击男性的阴囊，力量是拳击的十倍还绰绰有余的。如果掌握了踢击歹徒下阴的技术，心一狠就能把人踢死。

b. 多数男性在面对女性时，因为害怕阴囊被踢，而侧身对着你，仿佛你就踢不到他了。其实很简单，不用从下往上踢，直接抬起腿横向踢向他对应着的侧面的裆部即可。当男性阴囊的位置较低时，如被打得跪倒在地时，可用脚尖直接往前狠狠地踢击其阴囊。而当对方被打得躺倒在地时，也可顺着其两腿中间用脚尖狠狠地踢击其阴囊。

c. 男性在阴囊遭到一次踢击后，往往会因为剧烈的疼痛而用手死死捂住阴囊，这时你应设法让他主动松开，最简单的办法就是猛击其头部的鼻子、眼睛等其他的要害部位。人体这些部位都非常柔软，而拳头却十分坚硬，对方必定会腾出手来保护，那么这时你的机会就又来了，如此循环往复，直到歹徒失救。

夺命丈夫

引言

假如你经常遭受家庭暴力，你决定和丈夫摊牌离婚，而他恼羞成怒，想要杀掉你！此时，你该如何应对？

家庭暴力在任何社区和家庭都可能发生，受害者主要是妇女和儿童，而罪犯是家庭中的男主人。在美国联邦调查局里，他们称这种罪犯为“家庭狂魔”。艾丽塔·富兰克林就是一个悲惨的例子，她经常受到暴力丈夫埃尔文的侵袭。这天，她提出与丈夫离婚，而丈夫埃尔文却掏出枪对着她……

▸▸▸ 人体沙袋

中年妇女艾丽塔总是遭受丈夫的毒打。她和经常遭受家庭暴力的妇女一样逆来顺受，并向自己的家人隐瞒事实。这天，艾丽塔的妹妹阿拉娜前来看她，丈夫埃尔文居然当着小姨子的面羞辱她，艾丽塔终于忍不住了……

艾丽塔·富兰克林是一名长期遭受家庭暴力的中年妇女，她与丈夫埃尔文结婚已经10年了。埃尔文是自己一个远房亲戚介绍认识的，双方对彼此的第一印象还算满意，于是在家人的催促下，两个并不十分熟悉的人仓促地结了婚。

起初，艾丽塔的丈夫只是性格暴躁，他是那种对别人有强烈控制欲的人，而且喜欢发牢骚。他常常对着自己的妻子吆五喝六，颐指气使。善良的艾丽塔以为经过一段时间的磨合，自己能够克服这些苦难，同丈夫相处得融洽一些，但是从生下儿子贾汗开始，埃尔文变得越来越没有耐心，甚至变得喜怒无常。他时而大吼大叫、挑三拣四；时而一言不发、脸色阴沉，最令艾丽塔担惊受怕的是，他连儿子贾汗也不放过。小贾汗一旦做错了事，就被父亲拿着皮带猛抽。对自己的妻子，埃尔文更是非打即骂，随手抄起一件东西就没头没脑地打艾丽塔，好像对待自己的仇人一样。

像所有逆来顺受的家庭妇女一样，艾丽塔担心家人对自己太过忧虑，于是她总是避重就轻，尽力维护丈夫。被家人看到身上的淤青或者伤痕，她也谎称是自己不小心弄伤了自己。但是随着艾丽塔的袒护，埃尔文变得变本加厉，他甚至不把岳母邦妮和小姨子阿拉娜放在眼里，常常当着她们的面，就对艾丽塔恶语相向，甚至拳打脚踢。

这天，小姨子阿拉娜为了维护姐姐，故意来到艾丽塔家里做客。她早就听说姐姐和姐夫的关系不好，但姐姐却一直矢口否认。

▼丈夫对妻子艾丽塔以及小姨子阿拉娜叫嚣

敲门进去之后，阿拉娜发现小外甥贾汗正趴在书房的写字台上写作业。他今年已经 8 岁了，但由于家庭的原因，他长得十分瘦小，一双大眼睛里也总是隐隐地飘过一丝惊恐的神情。贾汗细瘦的胳膊上总有一些来历不明的伤痕，他的性格也比其他同龄的小孩沉默许多。但是小贾汗与小姨非常亲近，听到开门声他抬起头来，当看到是自己的小姨进来时，他的脸上露出了一丝惊喜的神情，随即瞟了一眼自己父亲的房间，就又低下头去。

艾丽塔神情憔悴地出来迎接妹妹。她看上去精神状态很不好，脸上还隐隐约约有红色的指痕。阿拉娜十分难过，问道："姐夫呢？"

艾丽塔一副难以启齿的样子，她吞吞吐吐地说："他在房间里……"

"为什么我来了，他也不出来打声招呼。"阿拉娜义愤填膺地说，年轻气盛的她早就对这个性格暴戾的姐夫不满了。在她印象中，埃尔文没有让姐姐享上一天福。

"他还是不上班吗？"阿拉娜问姐姐，"他每天躲在家里都干些什么？为什么只有你上班，照顾孩子，星期天还要做家务？"

艾丽塔神情忧郁，她迟疑着，欲言又止地告诉妹妹："不要这样说他……"不等她说完，门忽然被拉开了，埃尔文盛气凌人地站在门后面。他傲慢地打量着年轻的小姨子，懒洋洋地说："我在干吗？我在做一件非常神圣的事情。我在练拳，我会变得更加强壮，我可以让别人乖乖地听我的话。"

埃尔文亮出了自己的拳头，他竟然在自己的拳头上戴着拳击手套。

阿拉娜气坏了，不等她辩驳，埃尔文居然又说："你姐姐的工作也非常神圣，很多时候，她可以充当我的沙袋。"

阿拉娜吃惊极了。她转向自己的姐姐，问道："姐姐，这是真的吗？他经常打你，对吗？"

面对自己丈夫如此公然的凌辱，艾丽塔再也忍不住了，她潸然泪下，默默地点了点头。

▸▸▸ 分　居

艾丽塔顿悟了，她简单地收拾了行装回了娘家。但是埃尔文并不肯善罢甘休，他不断地去电骚扰她，要她回家。艾丽塔终于决定跟埃尔文离婚。

“我们走！”气愤的阿拉娜双手发抖，她只知道姐姐一直过得不好，却不知道情况已经这么严重。她甚至对姐姐的情况有些担忧，如果姐姐再这样忍气吞声下去可不是办法。现在唯一能想到的，是暂时把姐姐艾丽塔接到一个安全的地方去。

阿拉娜连拉带拽地将姐姐和小外甥推到门外，全然不顾身后的姐夫的脸色越变越差。“我应该收拾一下东西。”姐姐艾丽塔像是顿悟了似的，她简单地收拾了行装。

“这几个月，他都没有工作，我每天去上班，还要做饭，我也应该给自己放个假了。”艾丽塔悲愤地对着妹妹和孩子说。她似乎想通了，决定给埃尔文一个教训，于是艾丽塔看着妹妹重重地带上了房门，并没有拒绝。

这一切发生的非常突然，令埃尔文感觉十分错愕。他可能没有想到，平时温柔顺从、任劳任怨的羔羊居然站在他的对面，开始反抗他，这令他一时难以接受。

▼埃尔文闹到岳母邦妮家

艾丽塔在自己的母亲邦妮家住了几天。这几天她过得非常愉快，有一种从牢笼里解脱的快感，但她也隐隐有些担忧。果不其然，清净的日子没过几天，埃尔文便开始频繁地拨打电话骚扰她们。

第一次电话打来的时候，艾丽塔甚至以为他会痛改前非。“艾丽塔……”埃尔文的声音显得十分温柔，“快回家来吧，我需要你。”但与艾丽塔交谈了一会，他又显得十分暴怒，“我不管，你必须今天就回来。不然的话，我会让你好看的！”

艾丽塔自然不敢回去。

“你这该死的女人，你真的不听我的话？”埃尔文恶狠狠地说。

▼埃尔文纠缠气回娘家的妻子，但妻子已经明确告诉他离婚的打算

艾丽塔挂了电话。之后，埃尔文又打来很多电话，艾丽塔只好让妹妹或者母亲推脱说自己不在家。那些电话里，埃尔文的声音时而暴怒，时而阴沉，但他就是不肯善罢甘休。

后来，打来的电话太多了，艾丽塔绝望了。她决定接起这个电话，告诉他自己最终的决定。埃尔文气急败坏的声音从听筒里面传来：“艾丽塔，快给我回来，不

然你会为此付出代价的。”

阿拉娜夺过姐姐手中的话筒，对埃尔文说：“你听着，我姐姐不会再受你的欺负了，她会跟你离婚的！”

埃尔文像是从来没有听过这个词一样，他非常诧异。电话那边沉默了。“嘟——”片刻之后，他竟然挂掉了电话。

▸▸▸ 末　日

艾丽塔出去办事的时候遇到了埃尔文，他一路不断地纠缠她。艾丽塔当面说要和他离婚，这激怒了埃尔文，他掏出了一把手枪……

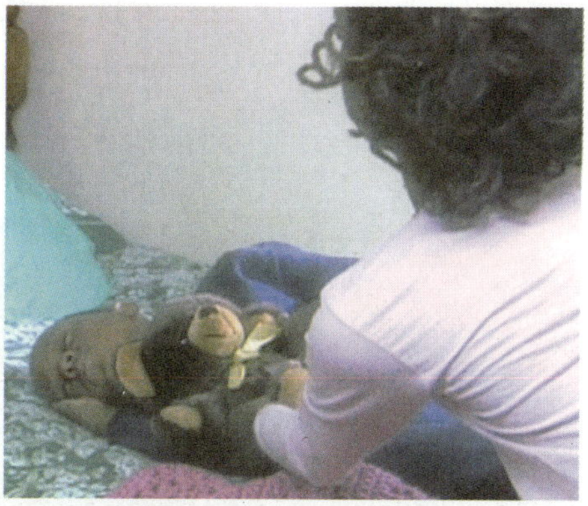

▲阿拉娜安顿好小贾汗睡午觉

埃尔文连续几天都没有再打电话过来。艾丽塔过了几天风平浪静的日子，而她的担忧却与日俱增，她隐隐觉得，现在的状况就像暴风雨前的宁静一样，最后总要有大事发生。

这天中午，艾丽塔要出去办一些事情。妹妹阿拉娜安顿好了小贾汗在自己的卧室里睡午觉，妈妈邦妮在客厅里看电视。电视里正在播放电视连续剧，男主角正在对着女主角声泪俱下，邦妮却看得昏昏欲睡。

“不要碰我！”门外忽然传来了一个女子凄惨的带哭腔的声音。这时候，艾丽塔开门进来，但她不是一个人，埃尔文黑着脸跟在她的身后。

“你这个贱女人，你究竟要不要跟我回去，我再给你一次机会，现在就跟我走。”埃尔文揪住她的头发，使劲地拉拽。

在妈妈和妹妹面前遭受这样的羞辱，艾丽塔感觉无地自容。她悔恨自己嫁给了这样一个恶棍，悔恨自己的软弱，悔恨自己虽然年长，却无力给家人以安慰。她悲愤交加，终于开始哭泣。

艾丽塔一边哭，一边说："星期一，埃尔文，我们办理离婚手续……我不会再听你的了。"她凄厉的哭声，令所有在场的人不忍多闻，阿拉娜不禁十分气愤地问："发生了什么事？"

邦妮也愣住了，她没想到这个女婿居然当着她的面公然作恶。她立刻喝斥他："埃尔文，这是我的房子，请你出去！控制你自己的行为！"

"不要跟着我！"艾丽塔一边挣扎，一边把埃尔文往门外推，"我希望你走开！"

谁也没有注意到埃尔文已是咬牙切齿。他甚至怀疑，面前的艾丽塔已经被掉了包，不然从前那只逆来顺受的羔羊怎么会如此不听话呢！他接受不了艾丽塔站在自己对面，公然开始反抗！埃尔文的世界开始倾斜了，他觉得自己就要爆炸了！

▼埃尔文的枪声吓坏了屋里的每一个人

就在这时，崩溃的埃尔文掏出了一把手枪，直直地对着艾丽塔的胸口。

一场灾难就要降临，对于房子里的每个人来说，世界末日到了。

▶▶▶ 惨　剧

埃尔文向着邦妮开了一枪，令她无助地倒在了地上。他就像一个毫无怜悯之心的刽子手，慢慢地逼近了躲在衣橱里的艾丽塔……

埃尔文朝着天花板开了一枪，巨大的轰鸣声令在场的每个人都魂飞魄散。艾丽塔惊慌失措地跑进妹妹房间，迅速地躲进了壁橱里。她吓得浑身瑟瑟发抖，她没有注意到儿子贾汗还睡在床上。

埃尔文朝着老迈的邦妮开了一枪，鲜血顿时涌了出来，邦妮的身上开了花。“哦，天哪！”阿拉娜目睹着眼前的惨剧发生，她急忙跑过去帮助妈妈，把她拉进门后的阴影里，不让埃尔文伤害她。

“现在，你最好离开这里。”邦妮抓住了阿拉娜的手，受伤的她太虚弱了，根本站不起来。而邦妮却对着阿拉娜说，“我可以坚持得住，你快跑出去，去叫警察。”

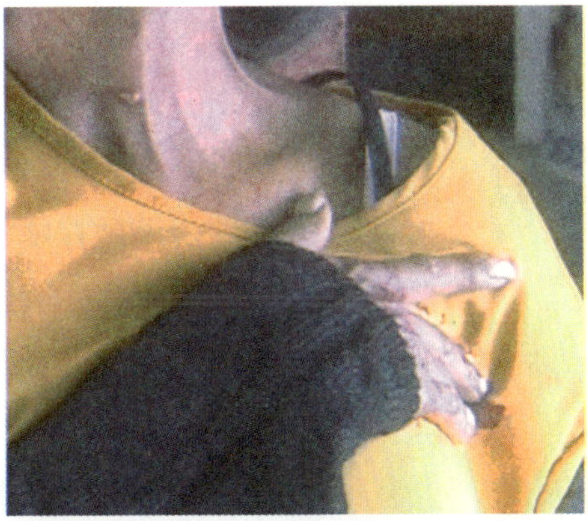

▲重伤的邦妮无助地躺在地上

▼阿拉娜跑到室外给警察打电话

血从邦妮的身体下面渗了出来，染红了地板。

阿拉娜不忍离去，邦妮使劲地催促她：“孩子，快走！我没事的。快走！阿拉娜，走！”

阿拉娜心如刀割，她无法离开重伤的母亲，急切地说：“不，我不能丢下你。”邦妮忽然用力地推了她一下，阿拉娜在没有防备之下，被一股非常大的力量推出很远。

那一瞬间，就像慢镜头回放一样，阿拉娜看着自己的母亲离自己越来越远，感觉就像见到她的最后一面。

阿拉娜觉得她与母亲就要永别了。

阿拉娜迅速地站起身向外跑去，所幸的是，她没有被专心在找自己逃妻的埃尔文发现。阿拉娜一跑到外面，就立刻报了警。她双手不断地抖动，声音也在颤抖地说：

“求求你，快点派人过来，有人要杀我们，他拿着枪……”

此时，苍老的邦妮正无助地躺在客厅里，她不停地流着血，神智时而清醒时而昏迷。但是她欣慰地想，至少女儿阿拉娜脱离了危险。

而埃尔文则在继续作恶。他向所有可以藏身的地方开枪射击。房子里灰尘四溅，镜子支离破碎。这时候，他一步步地走近阿拉娜的卧房，艾丽塔正躲在那里的衣橱里。由于恐惧，她无法控制地发出瑟瑟发抖的声音，这让埃尔文握着枪一步步地靠近她，然后，他打开了衣橱的门。

艾丽塔暴露在他的视线之下，再也无处躲藏。

埃尔文就像一头暴怒的狮子，他髯发皆立，怒目圆睁，恨不得将艾丽塔撕成碎片。艾丽塔只看了一眼他的脸，就吓得魂飞魄散，瑟缩成一团，不断地后退，脊背贴上了衣橱壁。她苦苦地发出哀鸣：“不要，求求你不要伤害我。不……不要。埃尔文，求求你！”

埃尔文却毫无怜惜地用冰凉的枪口抵住了艾丽塔的前胸。“你去死吧，背叛我的人，一个都活不成。”他的声音就像陌生人一样无情。

艾丽塔绝望地闭上了双眼，她听到了扣动扳机的声音，然后是一声枪响。

◀ ▶埃尔文毫无人性地举枪射向妻子艾丽塔，中枪后的艾丽塔痛苦万分

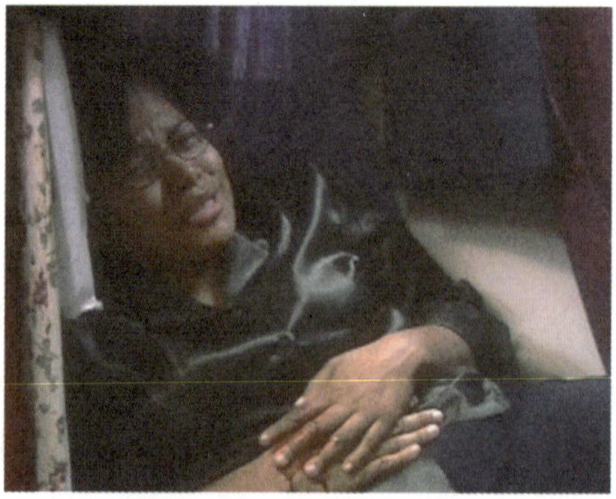

▶▶▶逃　亡

阿拉娜听见了枪声，她意识到外甥小贾汗还处在危险中。她悄悄地从窗户旁叫醒了贾汗，将他抱出了窗外，就在他们逃跑的那一瞬，子弹擦着阿拉娜的头发飞了过去……

阿拉娜站在房子外面，她听到了那声枪响。电光火石之间，她意识到正在她房间里睡觉的小贾汗会有危险。埃尔文不会善罢甘休，他会杀光所有的人！

“不！”阿拉娜跑到了自己卧室的窗边，她看到了埃尔文，也看到了他旁边不知是死是活的姐姐艾丽塔。

埃尔文正在往枪里装子弹，他像是处在极端亢奋的状态，两手不断地颤抖，子弹叮叮当当地掉在了地上。他从地上捡起它们的时候，阿拉娜摇醒了小贾汗。

“醒醒！贾汗。”阿拉娜拽住了贾汗的手，她感觉自己的肾上腺素开始加速分泌，她变得非常勇敢，同时也非常害怕。阿拉娜尽量让自己做得既快又轻，而埃尔文似乎没有听到任何动静。

阿拉娜从窗户里轻轻地将小贾汗抱了出去。

“为什么要拉我？”贾汗睡眼惺忪地问，“发生了什么事情？”

▼阿拉娜让小贾汗与她分开逃跑

阿拉娜只说了一个字：“跑。”她使劲地推了小贾汗一下，就像她母亲推她那样，轻声说：“不要跟着我，一直跑。”

埃尔文发现贾汗不见了，他朝着窗户边走了过来，看到贾汗和阿拉娜正朝着两个方向拼命地跑。

埃尔文毫无人性地在他们身后

开枪。阿拉娜听到了子弹从她头上飞过的声音，也听到了贾汗惊恐的呼喊声。

用来报警的手机从奔跑的阿拉娜的手上飞了出去。子弹只差一厘米就射中了她。

而这时候，艾丽塔拖着重伤的身体，向远处跑去，她想要躲开埃尔文的再次攻击。但是，她仅仅逃脱了一会儿，就又被埃尔文抓住了。

埃尔文已经不是埃尔文了，现在的他是一个魔鬼。他的表情十分奇怪，又兴奋，又悲伤，他的眼中射出野兽一样的光，恶狠狠地说："谁也别想活着离开这里。"

现在的情况似乎完全在埃尔文的控制之内，邦妮正无助地躺在地上，他的逃妻在他的枪口下摇尾乞怜，他用流血换来了自己的绝对权威，他似乎非常得意。

艾丽塔面如土色，她觉得自己必死无疑。她在心里默默地想："这就是我的命运。"她觉得自己再也见不到自己的孩子了。艾丽塔悔恨自己姑息养奸，酿成了这样的惨剧。她感到撕心裂肺的痛苦，眼泪扑簌簌地流了下来。

艾丽塔慢慢地闭上了眼睛，心中默念："上帝。"而就在此刻，枪声四起，艾丽塔觉得自己一定会在天堂得到上帝的眷顾！

▶▶▶ 重　生

埋伏在烟雾中的警察擒获了杀人恶魔埃尔文，他将在监狱里度过余生。艾丽塔和她的家人终于躲过了这场劫难。

浓浓的烟雾升了起来，什么也看不见。机警的艾丽塔立刻从浓烟中冲了出来，埃尔文在她身后穷追不舍，他正准备举枪射击，不料被埋伏的警察按倒在地。原来，刚才的枪声是警察打出的催泪瓦斯弹。

埃尔文被判两个无期徒刑加150年监禁。

医护人员立刻前来进行抢救，屋里所有的人都逃过了这场劫难。邦妮腿部受伤，休养了一段时间。阿拉娜毫发无损，她还因为拯救了小贾汗，被授予了赫赫有名的“卡内基英勇奖章”，她是最年轻的获此殊荣的人之一。

“我很骄傲，我的女儿冒着生命危险救了小贾汗。每天，我都会告诉她，我为她感到骄傲，也非常爱她。我真的为她感到骄傲啊！过去是，现在也是。”邦妮欣慰地说。其实她也是一位伟大的母亲，在关键的时候，舍弃自己，为向警察求援赢得了充分的时间。

邦妮有理由为自己的女儿感到骄傲。阿拉娜逃出屋去，拨打报警电话，然后还拉出自己的小外甥。她让小贾汗和自己分头逃跑是非常棒的做法，两个往不同方向移动的靶子比一个方向移动的靶子要难射中得多。她的智慧和勇气不仅救了自己，还救了屋里所有的人。

▼现实中，获得“卡内基英勇奖章”的阿拉娜与母亲和姐姐过着幸福的生活

如何应对?

在美国，每年有400万妇女遭到攻击。家庭暴力是45岁以下的妇女受到伤害的主要原因。像文中这样对妻子施行暴力的“夺命丈夫”的例子屡见不鲜，使很多家庭蒙上了巨大的阴影。如果你不想让这样的惨剧在自己身上发生，你应该了解以下知识：

A.如何识别家庭暴力的警告信号?

a.首先你需要知道的是，阻止家庭暴力的唯一方法就是了解警告信号。施暴者都会遵循着一定的行为模式，如果艾丽塔和她的家人留心观察，这样的事件就有可能避免。

b.注意强烈的猜忌和频繁的羞辱，这是贬低你的自尊达到控制你的一种手段。它可能会上升为一种完全的控制欲和进行身体虐待的需求。如果和你生活的男人动手打了你，这表明事情可能会变得更糟，你应该提高警惕，或者马上逃离。不要对这样的丈夫心怀仁善。要知道，原谅他就等于向他示弱，令他觉得有可乘之机，可以对你变本加厉。美国怀俄明州一位妇女几次离开对她施暴的丈夫，可是心肠软的她总是会回来。最终她发现，丈夫雇了一名杀手来杀她。这次她逃跑了，一去不回头。

▼遇到家庭暴力要及时拿起电话报警或向亲人朋友寻求援助

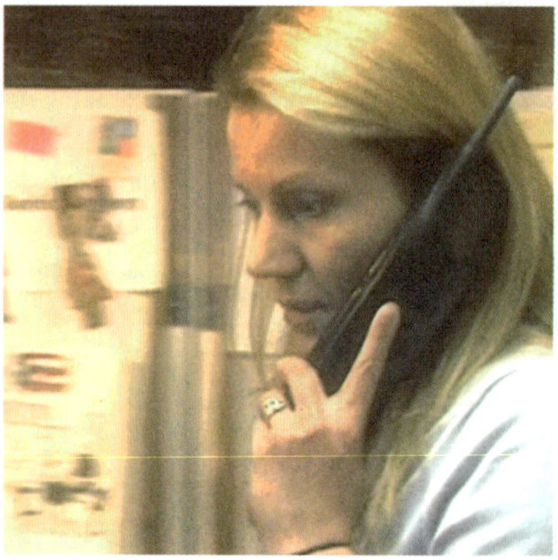

c.你知道家庭暴力长期进行的原因吗?为什么这些屡屡遭受家庭暴力的女人伤痕累累，却不愿意离开家?多数妇女是因为经济压力的控制、自我价值的

低认知度而无法离开。她们对生活缺乏自信（而丈夫的折磨会令她们的这种心理问题加剧），或者就像艾丽塔一样，觉得自己愧对家人。另外，她们对丈夫的报复非常担心，长期处在恐惧之中的她们会习惯逆来顺受，因为出逃有可能意味着更大的灾难。总之，逃离暴力家庭对她们来说需要很大的勇气。美国加利福尼亚州一名妇女为了逃离暴力家庭舍弃了一切，她和孩子在公园长椅上睡了两夜，但她找到了一份工作，开始了新的生活。

B.如果你已经遇到家庭暴力，如何应对，才能让自己免受更多伤害？

a．制定好出逃计划，并与警方取得联系，争取最大程度上的协助。不要让自己像待宰羊羔一样的孤立无援，一旦做好决定，就不能有任何犹豫。施以家庭暴力的男性通常具有性格缺憾，不要妄想修补或者纠正。有过一次，就必然会有第二次，循环往复，永无止境，总之，千万不能心软，不然只有自吞苦果。

b．一定要小心行事，将事态估计到最严重的程度！和帮助你的人设计好暗号，让他们知道你是否方便说话。随时向援助者透露信息，让他们了解到你的情况。

c．搬到亲戚或朋友家住不是一个好办法，因为他会首先去那里找你。一定要找个安全的住处，不要泄露住址，这样就不会把事态发展到无法控制的地步。如果你无处可去，拨打报警电话寻求安全帮助和咨询。

d．勇敢地拿起法律的武器，维护自己的权益。不要觉得这是丢人的事情，要对生命负责，自己以及子女、父母的人身安全是最重要的。

你知道吗？

背后遭袭，你该如何自卫？

当你从背后遭到歹徒袭击时，或者有人从背后抓住了你，该用何种方式迅速摆脱歹徒呢？

不想被杀死就跳楼吧

引言

如果你必须逃离凶犯的魔爪，而唯一的办法是从二楼阳台上跳下去，此时，你该如何应对？

女大学生梅林达必须做出她这辈子最艰难的抉择：一面是残暴的恶徒，他正对自己的室友痛下毒手，而室友洛丽现在生死未卜；一面是高高的二楼阳台，梅林达必须跳下去才能脱离凶犯，寻求支援。她该何去何从？

▸▸▸ 闯　入

星期天，美国得克萨斯州的一名大学女生梅林达·阿格拉刚起床，在自己和室友洛丽合租的小公寓里煮咖啡。门外铃声大作，梅林达以为室友回来了……

在美国得克萨斯州的休斯顿，5 月 23 日。这天是星期天，大学女生梅林达·阿格拉早早便起了床，她套上 T 恤，在自己和室友洛丽合租的小公寓里煮着浓香四溢的咖啡。

走到洛丽的房间门口，梅林达敲敲门：“喂，懒虫，今天该你下去买早餐了。”

“好的，你要吃什么呢？”屋里传来了女孩伸懒腰的声音，过了一会儿，洛丽才睡眼惺忪地打开了门。

“提子吐司、火腿，加上咖啡，这样足够解决我们的早饭了。”梅林达揉揉室友的乱发，转身去看她的咖啡，“多穿一件衣服啊，早晨外面凉。”

洛丽用了 10 分钟梳洗，然后披上一件衣服慢慢悠悠地出了门。

很多个周末，她们俩都会这样闲适地度过一个早晨。梅林达和洛丽都以为，今天也不例外。

洛丽像往常一样在楼下琳琅满目的超市里逛了几圈，她先买了吐司，之后又拿了一把香蕉，两瓶可乐。15 分钟后，洛丽抱着满怀的东西，一面哼着小调，一面慢慢地爬上楼梯。阳光很好，空气也很清新，她回想着刚才在街上看到了晨跑归来的邻居，那是一个很帅的小伙子，他很阳光地对她笑着招了招手。洛丽心情立刻变得非常好，因此她没有发现，自己身后不知何时跟来了一个鬼鬼祟祟的彪形大汉。

当洛丽走到公寓门前停住，正准备掏钥匙时，那个彪形大汉一个箭步冲了上来，勒住了她的脖子。

▼梅林达正在煮咖啡

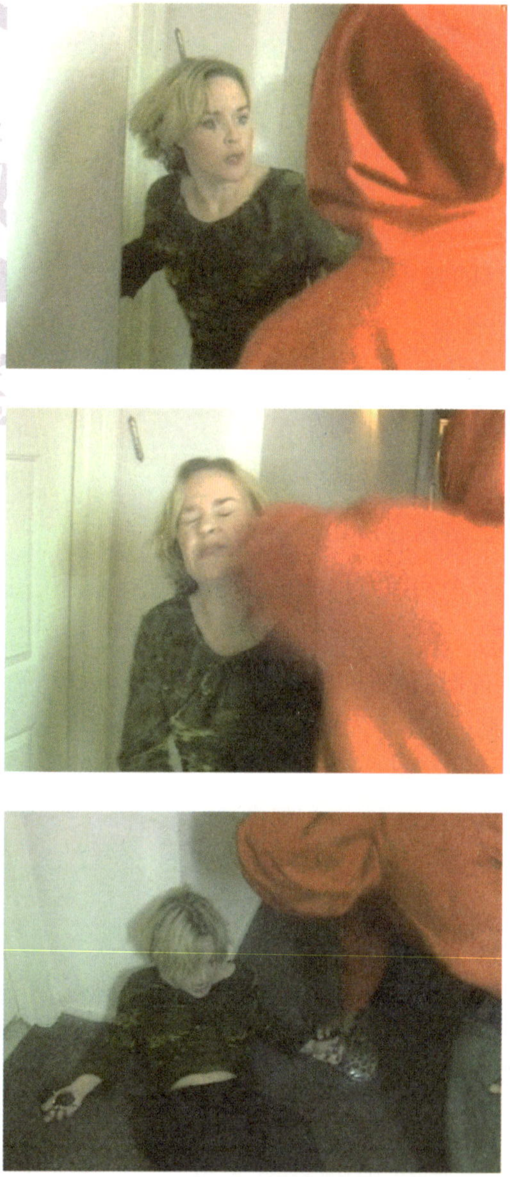

▲出门买早餐的洛丽被尾随的歹徒打晕在门口

“钥匙在哪儿？这是你的房间吗？给我钥匙！”暴徒粗暴地吼叫，从她的包里翻出了房门的钥匙。洛丽吓得魂不附体，她本能地想要挣扎，想从歹徒手中夺过房门的钥匙。可是歹徒一巴掌打在她的脸上，这一巴掌打得出乎意料的重，洛丽只觉得眼前一阵金星乱冒，然后不省人事地倒在了地上。

在房间里的梅林达正在做运动，她听到熟悉的开门声，立刻像往常一样跑过去迎接洛丽。然而，门开了，一个模样彪悍、皮肤黝黑的陌生男子气势汹汹地站在门口，而他的脚边，躺着不知是死是活的洛丽。

梅林达的脑袋“嗡”的一声，她被眼前的一切吓得目瞪口呆。这个闯入者的体重至少有90千克，他看上去那么结实，那么剽悍，简直就像一块五大三粗的人形铅块。他不客气地打量着梅林达的脸，然后一步步朝梅林达走了过来，就像电影《金刚》里的巨型猩猩一样。梅林达不知道自己是不是产生了错觉，她感到整个房屋都在发出轻微的震动。

梅林达吓得呆若木鸡，连躲开的勇气都失掉了，两条腿就像钉在了原地。

▸▸▸ 佯　装

歹徒缠在她脖子上的胳膊越勒越紧，梅林达知道这样下去她肯定会窒息的。她只好装作昏倒，好让歹徒暂时放过她……

当梅林达回神过来，准备逃跑的时候，这个身材魁梧的歹徒从后面轻而易举地抓住了小羊羔一样的她。他勒住了梅林达的脖子，让她无法呼吸。

梅林达吓得肝胆俱裂，这时候她开始拼命地反抗。但是她越是反抗，这个袭击者便勒得越紧，他手臂上的力道实在是大得惊人，梅林达听到自己的喉咙发出“咯咯”的响声，好像骨头都要被他捏碎了。梅林达越来越感觉到眼前发黑，她难受得就要窒息了。跟这个身体强壮的男子相比，梅林达的反抗完全是不自量力，再这样下去她只会被暴徒勒死。

电光火石之间，梅林达想到了一个主意。歹徒因为一定要制服她，才下手这样狠，如果她放弃挣扎，歹徒也许会掉以轻心。

于是她假装昏了过去，软软地垂下了自己的四肢。果不其然，歹徒放松了对她的忌惮，很快放开了她。

▲开门后梅林达惊愕地看着歹徒

▼歹徒扼住了梅林达的喉部

梅林达顺势倒在了地上。她躺在地上，开始拼命想下一步怎么办。她不知道凶犯会怎样对待洛丽，这让她十分紧张。

她听到了一些细碎的声音，听到了粗重的脚步和歹徒的呼吸声，她还听到了自己的心跳。梅林达的心脏简直要从胸腔里跳出来，她害怕歹徒听到自己剧烈的心跳，看穿了她的伪装。

但歹徒似乎确实对她掉以轻心，现在，歹徒的主要目标是洛丽。歹徒拧开了浴室的水管，想把不省人事的洛丽活活淹死在浴盆里。

这个歹徒显然有严重的心理问题，他的声音听起来十分癫狂，他甚至对着躺在地上“昏迷不醒”的梅林达说起话来，而且语调就像给幼儿园的小朋友讲故事。

▼装晕倒的梅林达被歹徒拖进了屋里

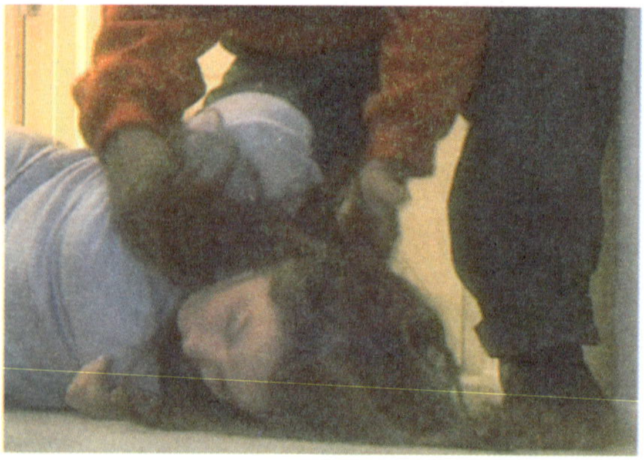

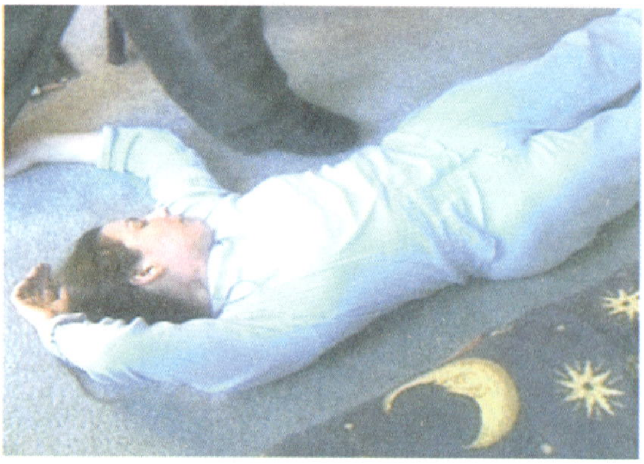

“我要先处置你的小朋友。这很有趣，知道吗？很有趣。”他说。

梅林达听得毛骨悚然，她想到了逃跑！但是当她正准备悄悄采取行动爬起来时，她听到了袭击者的脚步声，他又回来了。

梅林达只能继续假装昏迷。凶犯像是察觉到了什么似的，他若有所思地想了一会儿，然后蹲下身体，把梅林达的双手用绳子牢牢地绑了起来。

之后，梅林达听到凶犯的脚步声慢慢走远，他又走进了

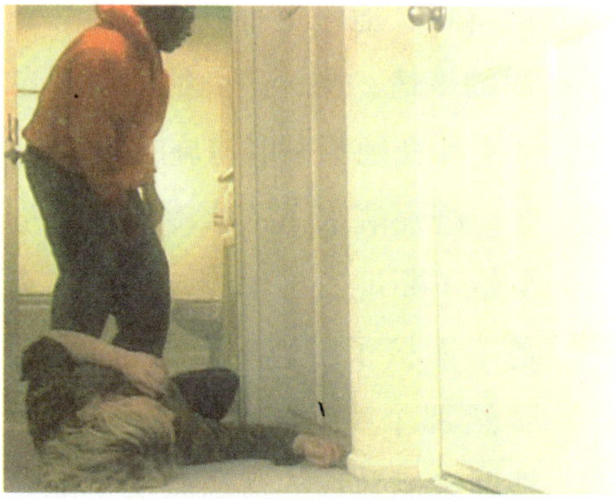 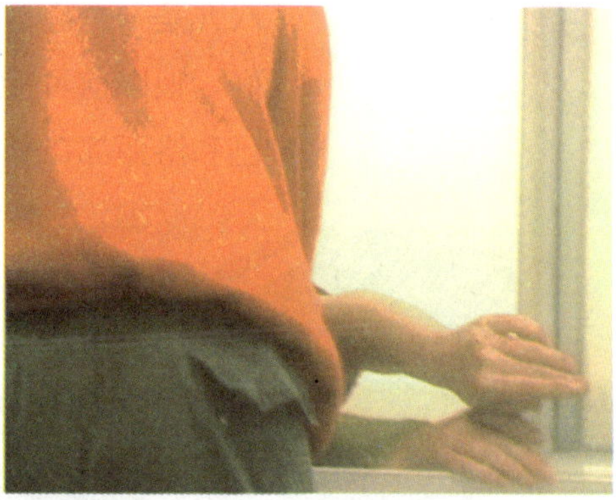

◀歹徒将晕倒的洛丽拖进浴室井打算淹死她

▶歹徒又返回浴室继续淹着苏醒过来的洛丽，洛丽无助地挣扎着

淹着洛丽的浴室。

凶犯继续自言自语，他就像是疯子在跳舞一样的快乐，他甚至还发出了一些拍手的声音，犹如在说："这会很有意思。"

而梅林达简直要哭出来了。除了装作昏迷，她不知道自己现在该怎么办，怎样才能救自己和同伴脱离厄运！？

就在梅林达为难之际，浴室里又传来了歹徒的声音："起来，姑娘，给你做洗礼了。"梅林达心急如焚，丧心病狂的歹徒竟把洛丽当成一个娃娃一样肆意玩弄，如果她再不想出办法，洛丽肯定会被活活淹死的！

▶▶▶ 跳 楼

梅林达意识到如果再这样下去，只有等死的份儿。她必须采取行动，从公寓里逃出去，寻找帮助。但那只有一个办法，就是从二层楼上跳下去！那么高的距离，任何人都会觉得胆寒。她是跳还是不跳呢？

听到浴室的水流声，梅林达知道自己不能再这样直挺挺地躺着了。她必须立刻采取行动，虽然她十分害怕。根据歹徒刚才的反应，梅林达意识到这个人恐怕十有八九是一个心理变态的虐待狂。他一定有虐待女性的癖好，他以前可能做过这样的事情。梅林达隐约体会到自己和洛丽都在劫难逃，如果现在她不采取措施的话。

▲站在阳台上的梅琳达犹豫不决

洛丽醒来了，冰冷的水流呛得她不断地发出惨叫，那声音真是凄惨极了。她一定伤得很重，显然那个疯狂的家伙正在折磨她。洛丽悲惨的遭遇激发了梅林达的斗志，她决心从公寓里逃出去，找人援救。

梅林达小心翼翼地从地上爬了起来，悄无声息地转过身，用被绑在背后的手轻轻地把自己所在的卧室门关上，然后上了锁。她们的卧室里有个拉门，梅林达决定从那里出去。

但是她们住在二楼！要想逃离，她必须从阳台上跳下去！

梅林达心跳如鼓，她瞥了一眼楼下的景色。虽然是二楼，但这个高度足以令人胆战心惊了。她很害怕，但立刻冷静了下来。歹徒随时会发现她，随时会从卧室的门冲过来，抓住她，然后杀掉她。

所以梅林达别无选择，只有跳楼才有希望救自己和室友的命。

梅林达悄悄地移向窗台，却被一个问题难住了：阳台上有一道很高的栏杆，梅林达身高156厘米，并不高大，况且她的手被绑着，怎样才能翻过阳台的栏杆呢？

这时候，梅林达听见了歹徒的脚步声，没有时间多想了。她尽量让自己跳得高一些，头朝前。但她的头还是撞到了阳台底部，然后又被向外反弹了出去，梅林达从高高的阳台上坠落下来，重重地摔在了地上。

▸▸▸ 求 救

浑身的剧痛令梅林达几乎要昏过去，但她坚持着爬了起来，向最近的公寓跑去求救。

从高处坠落的剧痛令梅林达咬紧了牙关，但幸运的是，她立刻发现自己能够挣扎着站起来。事不宜迟，梅林达强忍剧痛，一瘸一拐地跑向最近的一栋公寓楼求救。

梅林达看到有位女士正在一座楼前的咖啡厅里悠闲地喝着咖啡。她凄惨地大喊："帮我打 911！女士！我们遇到了歹徒！有人想杀死我的室友！"

那位女士看见了她，立刻放下杯子向梅林达跑来。梅林达双膝一软，整个人摔倒在地上，她再也无力站起来，只是嘴里喃喃地念着："求求你，快报警，洛丽还在上面，那个混蛋要杀死她，求求你。"

好心的女士给 911 打了电话。梅林达晕倒在地，她的表情依然非常惊恐，因为尽管自己脱险了，但此时的洛丽还命悬一线，如果警方不能及时赶到的话……自己一定会内疚终生的。所幸，昏迷的梅林达模模糊糊地听见了警报声，警察及时赶来了。

◂跳楼后的梅林达摔得不轻，但她还是强忍着疼痛爬起来

▸伤痕累累的梅林达找到了正在附近喝咖啡的女士帮忙

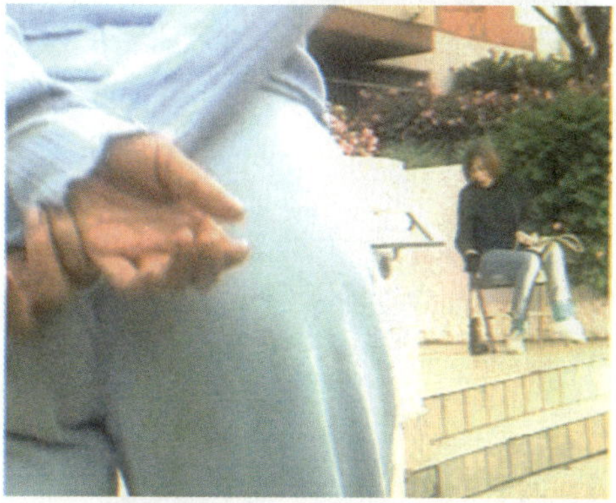

袭击她们的那个恶棍也听见了，他慌张地跑到阳台上张望，发现警方已经包围了这栋楼，自己已是无路可逃。这个歹徒没有反抗，他高举双手，走出了这座公寓。

▸▸▸ 指　认

梅林达觉得，面前这个眼含嘲讽神色的人根本不属于这个世界，没有一丝悔改之意的歹徒一定是来自地狱的撒旦。

随着警车一起赶到的救护人员检查了洛丽的伤势，发现由于袭击者一直掐住她的脖子，洛丽的舌头肿得很大。她曾一次次地被歹徒按在浴缸里，差点被水淹死。被解救的时候，洛丽已经奄奄一息，如果医护人员晚来一分钟，她都可能丧命。

梅林达听到洛丽不会死，长长地舒了一口气，她感到十分欣慰。虽然自己从高处坠楼，但是换来的结果是值得的。她被扶到附近的椅子上休息，医护人员检查了她的伤势。确保安全之后，一位警察向梅林达走了过来。

“你很勇敢，姑娘。”他首先称赞了她，“但是你受

◀歹徒在楼上看到了灯光闪烁的警车，但他很镇定

▶救援人员及时救走了奄奄一息的洛丽

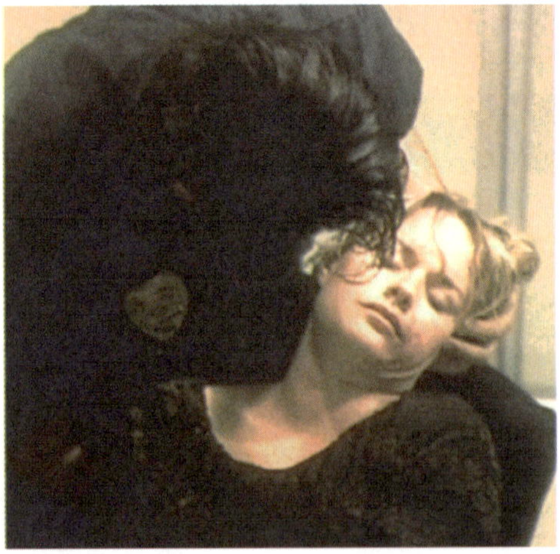

的考验还没有结束。”

梅林达虚弱地抬起头看着这个和蔼的警官，“是吗，长官，您需要我做什么呢？”

“你需要配合我们，勇敢地指认凶手。我们需要证据，你也需要给自己一个答案。”他顿了顿，“我知道今天对你来说就像一个噩梦，但是，说真的，你需要再坚持一下。”

梅林达低着头想了一会儿。她的内心正在经受着强烈地挣扎，说真的，梅林达再也不想多看这个心理变态的凶汉一眼，今天她受的惊吓太多了。梅林达刚刚从二楼跳下来，并且刚刚被一个彪形大汉差点勒死！这一切都太恐怖了，这对于一个女大学生来说，实在难以承受，她必须要用短暂的休息来缓和一下自己的神经。

▼梅林达惊愕地看到歹徒那双带着嘲笑意味的眼睛

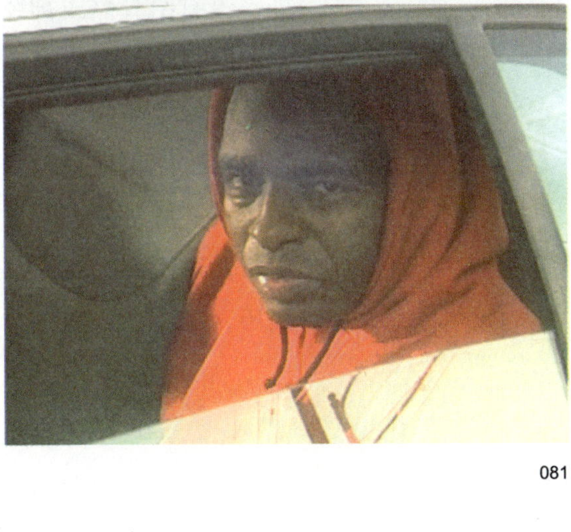

没过多久，梅林达终于站了起来，慢慢地走向押送歹徒的警车，她知道，自己必须替天行道，给自己和洛丽一个交代。

梅林达镇定地走向了押在车里的凶手，那人摇下了车窗，隔着玻璃窗向外看了一眼，那眼神令梅林达终身都难以忘却。梅林达倒退了两步，转过头去。那个罪犯的眼神中带着一丝戏谑，一丝怜悯，他用一种似笑非笑的神情看着梅林达，就像看着一个

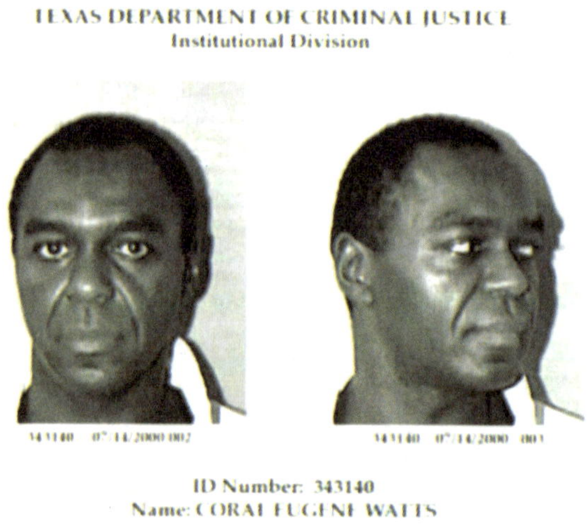

▲歹徒是一个曾杀死12名妇女的通缉犯

可以任他蹂躏的洋娃娃。梅林达立刻想起了刚才歹徒对洛丽施加的暴行。那个眼神里，没有任何悔改的意思，而是充满了冷冷的嘲讽。梅林达觉得，面前这个人根本不属于这个世界，他一定是来自地狱的撒旦。

梅林达打了一个寒战，她赶紧走得远了一些，并告诉身边的警察：“是的，是他。”

第二天，休斯顿警察局告诉梅林达一些惊人的消息。企图杀害她的人是克洛尔·瓦茨，他是一个疯狂的连环杀手，他曾经因为杀死了12名妇女而遭到警方的通缉。袭击洛丽和梅林达之前的几个小时里，他已经在浴盆里掐死了一名妇女。在梅林达的帮助下，法院判处他60年监禁。

梅林达从高处坠楼，除了多处擦伤及软组织挫伤以外，没有给骨骼或神经造成较大的伤害。刚刚经历了一劫的梅林达显得心有余悸而又镇定，她将更加勇敢地面对今后的生活。

梅林达很幸运，也很聪明，她用智慧的头脑和惊人的勇气战胜了变态的恶魔，也解救了自己和室友洛丽的生命。这次跳楼对她来说是值得的，她将终生记得这次经历。

如何应对？

如果你身处险境，不得不冒死逃生的话，要记住以下的技巧，这样你才会从困难中解脱出来：

A.如果在特殊情况下，你必须从楼上跳下来才能活命，你该如何应对？

a. 首先要观察楼下的环境，寻找能中断下落而不会引起骨折的地方，或者找到楼下有软东西能够充当气垫的角落。你会发现电影中的特技演员从高处跳落的时候，都会选择有遮阳棚等障碍物，用以减少下落的作用力。孟加拉有位妇女曾在一群男人试图强奸她的时候，从旅馆的七楼跳下去。由于她跳向相邻办公楼房顶上的一堆空纸箱，因此最后只受了一些擦伤和几处骨折。试想，如果她没有落在稍微软些的地方，那就可能当场摔死。美国马塞诸塞州的一位妇女在家中失火时也用到了这样的方法，她从二楼窗户先跳到一楼日光浴室的房顶，然后跳到地上，毫发无伤。

b. 在向下跳时，人会本能地紧张，但是此时你必须放松。因为身体越紧张，肌肉收缩越厉害，你可能摔得越重。像梅林达一样，你需要找到下落最合适的姿势，千万不能

◀ ▶孟加拉有位妇女跳向楼下堆满纸箱的地面来缓冲坠落的伤害

以头着地，要在空中调整自己的姿势，如果你幸运地以脚先着地，要就势向前落，然后做一个翻滚动作，以此来消减撞击力，这是将下坠的伤害减到最小的姿势。

c. 跳楼非常危险，尤其是从二楼以上的地方跳下来，人很有可能严重受伤。当你从这样的高度落下时，身体会自然地折成一个V字形，这会引起骨折或者背部折断。如果你的手没有被绑着，你应该用手拉住阳台，先让身体悬挂在阳台上，然后再松手下跳和翻滚。

d. 寻找可以增加下坠阻力的东西，比如将绳索拴在阳台上，或者撑起一把较大的伞，有条件的话，找柔软的垫子绑在自己的身体周围，并向楼下行人示意，以便于获得救援。

e. 在危急关头冒险拯救自己是值得的。对梅林达来说，她的勇敢不仅救了她，还救了她的室友。千万不要因为对高空跳落的恐惧而放弃求生的希望。一般来说，只要姿势正确，三层以内的楼层都能够保证你的生命安全。

▲从高处跳下的姿势示意图：双脚着地，向前翻滚等

B.如果你的朋友发生了溺水事故，你该如何应对？

a. 发生溺水时，会出现面部青紫、肿胀等现象，溺水者双眼充血，口腔、鼻孔和气管充满血性泡沫，肢体冰冷，脉细弱，甚至抽搐或呼吸心跳停止。如果落水时间短，

溺水者口唇四肢末端易青紫，四肢发硬，呼吸浅表。吸入水量在 2ml/kg 时，会出现轻度缺氧现象。如果吸水量在 10ml/kg 以上者，一分钟内即出现低血氧症。如果溺水者四肢发冷，瞳孔散大，那么情况已经极其危急，必须立刻采取抢救措施。

b. 对于溺水者的现场抢救来说，原则是一样的，都要尽快地恢复呼吸与心跳。先拨打急救电话，之后首先清理溺水者口鼻内污泥、痰涕等障碍物。救护人员单腿屈膝，将溺水者俯卧在你的大腿上，借体位使溺水者体内的水由气管、口腔中排出。其次，将溺水者头部转向侧面，以便让水从其口鼻中流出，保持上呼吸道的通畅，再将头转回正面。另外，急救者从后抱起溺水者的腰部，使其背向上，头向下，也能使水倒出来。

c. 尽量避免急救时再给伤者造成第二次伤害。在国外医学文献报告中，有溺水者反而因不当急救而造成其脊椎受损。

d. 如果溺水者呼吸微弱或已经没有呼吸，应该迅速对其进行人工呼吸。将溺水者仰卧放置，用一只手捏住溺水者的鼻孔，另一只手掰开溺水者的嘴。深深吸一口气，迅速口对溺水者的嘴巴吹气，这样反复进行，直到伤者恢复呼吸。人工呼吸频率是每分钟 12 ~ 20 次。若溺水者呼吸、心跳均已停止，应立即对其进行心肺复苏。在溺水者的胸骨中段进行心脏按压，你需要将手指陷入胸骨 1 ~ 2 厘米，下压要慢，放松时要快，每分钟 80 ~ 100 次，与人工呼吸互相协调操作。

C.如果你像梅林达一样，独住或与他人合住时遇到入室歹徒，你该如何避免受到人身伤害？

a. 放好自己的钥匙，保证开门关门时，身边没有陌生人经过。边用手机发短信或打电话，以及边听音乐边步行的做法极为危险。千万不要放松警惕，不能允许开门时有陌生人站在身边，无论此人老弱病残，一定都要保证开门时周围无人。不要轻易接受楼道里陌生人的帮助，遇到麻烦要找熟悉的人帮忙。

b．明知道屋里没人，也要进门时说声“我回来了！”以免暴露自己独身生活的事实。独自一人在屋内时，一定记得锁门。

c. 需要有人上门送取邮件、邮包，或者收取水电费时，尽量避免陌生人登堂入室。让他站在门外等候，与之隔着门说话，并把电话等联系工具放在身边。

d. 独自一个人上下班、上下学时，最好避开走荒凉路段或者没有路灯、行人稀少的路段。即使绕远路，也要尽可能走路灯较多较亮，且行人也多的路。注意身后是否有人尾随。

e. 你的枕边除了可以抱着安睡的玩偶，应该有防身武器一件，还有一个 LED 电筒。它们能保证你在最危急的时候有所依靠。

f. 不要回家太晚，给歹徒造成可乘之机。如果有特殊情况，找可靠的男性护送回家。

g. 如果你有同伴，你们需要制订一套紧急预案。商量一套遇到紧急情况时的对话，或者敲门方法，以及其他什么暗号，当危险发生时，你们可以用这套方案向对方直接传递信息，以便另一方在有限的时间内迅速报警。

赤裸裸的隐私

引言

有人正在公然侵犯你，而你还茫然不觉。他不停地在偷拍你的一举一动，如何才能察觉并阻止其行为呢？

正在教堂里享受狂欢节的吉娜在浑然不知的情况下，被变态的“窥阴癖”罪犯拍了个正着。当自己发现了黑洞洞的镜筒之后，她感到了耻辱、愤怒和恐惧，她觉得自己变成了别人的玩物……

▶▶▶狂　欢

幼儿教师吉娜·贝尔同丈夫鲍勃、女儿简妮一起去过狂欢节。精心打扮过的她在人群中分外的美丽动人，吸引了不少羡慕的眼光。一家人心情愉悦，神采飞扬地在游乐园中穿梭流连，丝毫没有感到危机正在向他们逼近。

美丽的夏日午后，正适于度过教堂里的狂欢节。这是美国俄亥俄州的幼儿教师吉娜·贝尔同丈夫鲍勃的传统节日，今年他们还带上了4岁的宝贝女儿简妮。吉娜显然精心打扮过，她化了惊艳的妆容，穿了一条淡粉色的修身短裙，裙摆缀着精致的蕾丝花边，美丽而纤细的双腿，显得格外婀娜动人。小简妮则穿着深蓝色的小公

▲吉娜一家一起过狂欢节

主套装，母女两人漂亮的装扮，让走在吉娜身边的丈夫鲍勃被许多路人艳羡的眼神包围。

他们来到游乐场，一下子被面前欢腾的气氛所感染了。旋转木马发出悦耳的音乐声，门口的小贩正在兜售着五颜六色的气球。一家人觉得十分快乐，简妮更是雀跃不已。

吉娜觉得自己顿时年轻了许多，她高举手臂，欢呼道："我们到了游乐场啦！"

鲍勃微笑着注视他美丽的妻子，忽然一些色彩缤纷的光线从他的面前闪过去。"快看，那些灯！"

吉娜顺着丈夫手的指向看过去，发现前方有一片灿烂的旋转彩灯，非常耀眼夺目，就像一片曾经在她梦境里出现过的奇异的花海。吉娜觉得浪漫极了，她挽住丈夫的手臂，牵着小女儿，向游乐园深处走去。

"瞧那个大转轮！"简妮说，"妈咪，那个转轮像我吃过的棒棒糖……大很多倍的那种。"

"我的乖宝贝，你想吃棒棒糖吗？妈咪买给你，但是你要亲妈咪一下。"吉娜笑着说，她的心情好极了。

▼一个行为怪异的陌生人盯上了吉娜

人越来越多，环境开始变得拥挤。小孩子拿着气球，大人们捧着爆米花和饮料。吉娜看不到更远的地方去，景色都被人头遮挡住了。尤其是那些非常受人欢迎的项目，排队的人群更是比肩接踵，挤得人透不过气。他们碰到了许多熟人，场面真像个小社交场一样，寒暄客套之后，一家人商量好决定去玩过山车。

吉娜觉得自己好久没有这么开心过了，虽然还没有排到自己，可是她的心情已经像是坐上了过山车那样兴奋，她丝毫没有发觉身后有什么不正常的状况。

▶▶▶反　常

吉娜兴高采烈地排着队，浑然没有察觉到自己身后多了一个来历不明的陌生人。他如影随形地跟着她，显得十分鬼祟。在丈夫鲍勃的提醒下，吉娜悄悄地观察着这个令她全身感觉不舒服的人，此时，她发现了许多异样……

▲行为怪异的陌生人始终跟在吉娜身后

一家三口在过山车的下面买了票，加入了长长的等待队伍。人非常多，吉娜抱起了小女儿简妮，以免让她跑丢了。队伍里有很多小孩，他们吵吵嚷嚷个不停。可能因为人太多太拥挤的缘故，周围的气温似乎也变高了。一家人等了大约20分钟的时候，鲍勃有点忍不住了。他背上的T恤湿了一块，脾气也变得有点糟糕。

“我想，我可以趁最后几分钟去抽几注彩票。”鲍勃向妻子提议，“去抽几注就回来。”

吉娜答应了丈夫的要求，“可以帮我们顺便买饮料。”她接过丈夫手里自己的提包，“快去快回，我们排了这么久，可不要耽误了时间。”

丈夫微笑了一下，一个人离开了。吉娜把简妮放在地上，母女俩排在队里，站在原地又等了一会儿。

“妈咪，人可真多，上次我们去动物园的时候，可没有这么多的人。”简妮撅起了嘴巴，“刚才那个叔叔把我的肩膀都挤痛了。”

“宝贝儿，你看，我们刚才还在那里，”她指了指远处，“现在我们已经在门口了。再坚持一会儿，我们就可以在‘空中飞’啦！一会儿‘飞到左边’，一会儿‘飞到右边’……你一定会喜欢那种感觉的，所以，一定要再坚持一下。”吉娜爱怜地哄着女儿。

一个人拍了拍吉娜的肩膀，吉娜一转头，发现自己的丈夫鲍勃回来了。可才过去几分钟，鲍勃应该没有走远，并且他的手上也没有彩票和饮料。

“亲爱的，你不是去买彩票了吗？”吉娜问他。

鲍勃的神色有些异常，他说：“彩票等一会儿再说，我先待一会儿。”他刻意地挪动了一段距离，和吉娜站得更近一些。

吉娜神色诧异地问他：“怎么啦？”她感觉事情有点不大寻常。

鲍勃凑近她，低声地说：“你后边那个人，我讨厌他。”

吉娜脑袋上冒出一大串问号：“什么？你说什么？”她浑然不觉，根本没注意到后面那个人，或者说，她根本没有感觉到自己身后有任何反常的人。经丈夫一提醒，她才意识到背后有怪人存在，于是吉娜转过头迅速地看了身后那个人一眼。仅仅只是一瞥之下，她忽然觉得周身都很不舒服，那种出于女性本能的第六感，令吉娜当时就感觉出那个人不对劲。

“把包给我，你抱着孩子。”鲍勃警惕地说，“这个人可能是个小偷。刚才我一走开就看到他鬼鬼祟祟地跟在你后面，你太开心了，什么都没有注意，所以我才回来提醒你要小心点。”

吉娜点点头。她紧张地打量了身后那个陌生人，由于没有确证，她只能凭第六感来判断他的企图。这个人周围没有一个小孩，他带着一个包，独自站在那儿东张西望。

吉娜马上想到这个人也许对她自己或者她女儿不怀好意。她装作不经意地转了个身，那个角度不用直接面对这个陌生人，却可以趁转身时看见他在干什么，他究竟是什么样的人。

就这样持续了几分钟，吉娜一边佯装跟丈夫谈话，同时频频转头看，试图弄清那个人在做什么。她还把孩子从左手边移到右手边，趁机转身去看看能否发现什么问题。

果然，这个来历不明的陌生人举止十分反常，他的表情也很诡异，他故作若无其事，身体却很僵硬。吉娜转身，他也立刻转过去，他似乎随着她的动作在动，就

◀吉娜有意识地试图观察身后的陌生人

▶吉娜走到离陌生人十几米远的地方仔细观察着

像牢牢地贴着她一样。吉娜感觉更不舒服了，她决定走到一边去，在不远处仔细观察他。

▶▶▶偷　窥

吉娜走到不远处一个饮料摊前，仔细地观察着刚才那个令她感到不适的陌生人。她发现这个人放在地上的一个大包里，隐藏着一个镜头向上竖着的录像机。他正在偷拍穿着裙装的女性下体，对她们实行性侵犯！

“我去拿瓶饮料。”吉娜决定移到一边，不跟那个令人讨厌的人站在一起。

鲍勃明白了妻子的意思，“好，包我拿着吗？”

“好的，你也要喝吗？”吉娜问丈夫，同时小心地俯下身，摸了摸孩子的头顶，“妈妈去拿饮料，好吗？”

小简妮天真地点了点头，吉娜站起身来，向不远处的一个饮料摊走过去。那个男人看到吉娜走开，像是放松了警惕似的，他并没有察觉到吉娜已经在不远处开始仔细观察着自己的一举一动。

从侧面看，这个奇怪的陌生人看上去非常普通，他有着所有美国人共有的特征，体面、整洁、平凡，就是在街道上随处可见的那种人。他看上去并不鬼祟，也毫无异常，完全不至于让吉娜感到惊慌。

吉娜开始怀疑自己刚才的感觉，难道是自己太过于敏感了？

不对，吉娜立刻发现了问题。她注意到这个陌生人脚边放着一个大大的背包，包上面露出了一个极为隐蔽的镜头。包的拉链仅拉开了一个小口，刚好让那个镜头伸出来，朝上竖着。

吉娜顿时明白了这个罪犯的真实意图，他正在利用麻木的人群，拍摄一幅幅猥亵的“裙底风光”。吉娜觉得有些慌张，她开始回忆，担心自己是否被他跟踪，甚至已经被他拍摄。她不知道这是否属于侵犯人身权利，她只是觉得应该立刻找人求助。

▲歹徒被揭穿后掉头就跑

▼鲍勃对歹徒穷追不舍

吉娜快步走回来，对丈夫大声地说：“你身后的那个人在偷拍我，他包里藏着摄像机！快报警，抓住他！”

那个人听见了吉娜的话，他非常警惕地环顾了四周，见机不妙，他飞快地转身，准备溜之大吉。

▶▶▶逃　匿

歹徒的逃跑令吉娜的丈夫鲍勃非常愤怒，他向着罪犯逃脱的方向穷追不舍，一心想将他亲自捉拿。后来，他看到了角落里站着两名警察，立刻报了警，罪犯害怕了，他

丢下了手中装着摄影机的包。

歹徒的逃跑令吉娜的丈夫鲍勃怒火中烧，他立即猛追上前去。歹徒发疯狂奔，在人群中挤来挤去，速度越来越快，眼看就要消失在角落里。而鲍勃的怒火随即也越燃越大，他使出了全身的力气加劲追赶这个罪犯，想要将他拦下来。

“喂！你这个混蛋，快给我站住！”鲍勃一边跑一边高声喊道，他试图寻找救援，“嗨，拦住前面那个家伙！”

鲍勃的喊声引起了人们的注意，群众围成了人墙，知情的人开始帮助鲍勃来擒获罪犯，越来越多的人向着那个倒霉的歹徒包抄过来，他眼看就要无路可逃。

更幸运的是，鲍勃一眼就看到了远处的人群中有两个身着制服的警察，他立刻喊道：“警官！前面那个家伙带着个摄像机！他用摄像机偷拍我妻子！”

两个警官听到他的呼救之后，立刻过来询问，鲍勃停下了追赶的脚步，他激动地指着前面的歹徒说：“快拦住他！请求支援！”

▼鲍勃遇上了两个警察，请求他们帮助

罪犯看到了鲍勃同警官谈话的一幕，他惊慌失措地把包扔进草丛里，然后逃跑了。

警察在草丛里找到了仍在运转的摄像机。他们检查了录像带，发现里面赫然是吉娜和其他女性内裤的图像。

吉娜是当天第 13 名受

害者，后来她发现，只有她一个人知道是怎么回事。另外 12 名女性无一不是妙龄少女或者带着成熟风韵的美丽少妇，但无一例外的是，她们都毫无提防，根本不知道自己曾经被人偷拍了。

歹徒当时以为把摄像机丢进草丛就能够逍遥法外，可是他错了。正是这一举动导致他最终落网。

▸▸▸深　思

经过艰难的搜捕，罪犯终于落网，并因窥阴癖和私藏犯罪工具而获刑。

▲警察在草丛里发现了歹徒丢掉的包以及包里的摄像机

▼吉娜和丈夫在警局里看到了歹徒拍摄的画面，吉娜非常震惊

在偷拍女性隐私的间隙，歹徒偶尔会检查一下摄像机，而那个时候他忘记了关机。这样一来，他自己的面容也被留在了视频上。

现在，证据十分确凿，但仅凭掌握的这点证据，寻找起罪犯来还是颇费周折的。警察局里没有这个罪犯的影像，这说明他没有犯罪前科，因此，警方找不到关于他的任何记录。

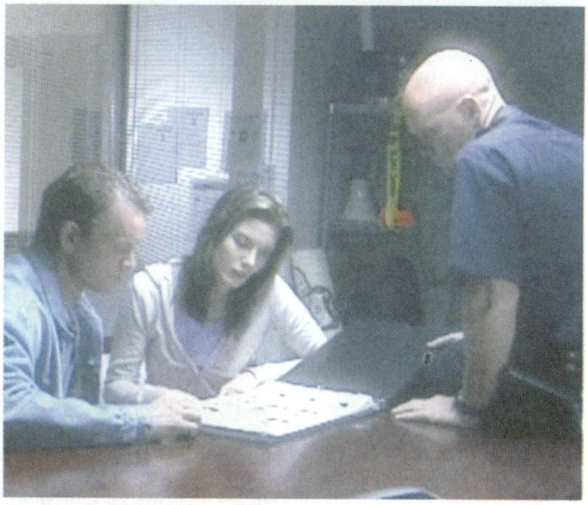

这个现实令破案的难度陡然增加，随后，当地一家新闻电台报道了事件始末。一家公司的职员认出了同事就是新闻里报道的歹徒，于是报告了警察。

警察逮捕了这个色情狂，他对犯罪的事实供认不讳。他交代，自己本来要将录像带卖给一家网

站的，他一直靠这种手段获得利润。吉娜惊出一身冷汗，如果自己和丈夫没有发现刚才的偷拍行为，自己的隐私差点就被卖给了全世界的色情网站。这种事情如果传播开来，势必会影响到吉娜和她的家庭。

这名罪犯叫索思·欧儿里德，经过警方鉴定，他因为窥阴癖和私藏犯罪工具而被捕。整个过程非常艰辛，审判罪犯的那一刻，吉娜觉得百感交集。

现在吉娜参与了一项艰苦的法律工作，协助打击这种目前被许多警察称为“裙下偷窥”的犯罪活动。

“一想到他在摄像机上拍摄到的图片，我就会感到耻辱，感到愤怒和恐惧。不管是将我的个人隐私在网上曝光，还是仅供他独自消遣，都是一种强暴行为，一种性侵犯行为。我觉得自己成了别人的玩物。”吉娜说，“这种行径不同于一个男孩从女孩的裙子底下偷看。罪犯是成熟男性，他侵犯了女性的隐私权。他甚至会把录像卖给色情网站，传播到世界各地。最重要的是，这些被侵犯的

▶现实中真正的吉娜在努力维护着女性权益

女性毫不知情。也许有人会说，‘没什么大不了的，犯不着那么紧张。’但如果当事人是他的母亲和女儿，他会怎么想呢？”

为了维护女性的权益，减少犯罪现象的发生，并帮助警察将罪犯绳之于法，吉娜依然在努力着。

如何应对？

美国联邦调查局办理的第一个案子就是用视频监控摄像机来逮住罪犯的。这项技术从 1984 年发展到现在，一枚硬币大小的摄像机就能录下你最为隐秘的举动。随着摄像机的普及，偷拍的现象更是屡见不鲜。更有像文中那种别有用心的人，拿着偷拍的照片在网络上大肆渲染，甚至去威胁利诱从中牟利。为了避免被拍到隐私，以下对策将能使你免受侵扰：

A.如何提高警惕，迅速识别出图谋不轨的歹徒？他们通常采取什么手段？

a. 首先你需要了解这样的常识，喜欢偷拍的犯罪分子主要使用两类摄像机：固定式和便携式。一般在人群中，罪犯会选择使用便携式摄像机。他们喜欢出没于大型商场，海滩等地，摄像机通常就藏在他们的包具或露营用具里。在美国的侦探商店，会出售一些特别的便携式摄像机，镜头与摄像机身通常是分离的，一根细金属线将镜头与藏在包里的摄像机相连。如此袖珍的偷窥设备，可以藏在任何地方而不会被轻易察觉。歹徒只要背着包，就可以像上文中那个人一样寻找机会作案。

b. 固定式摄像机更为精致，也更具侵犯性。偷窥者会

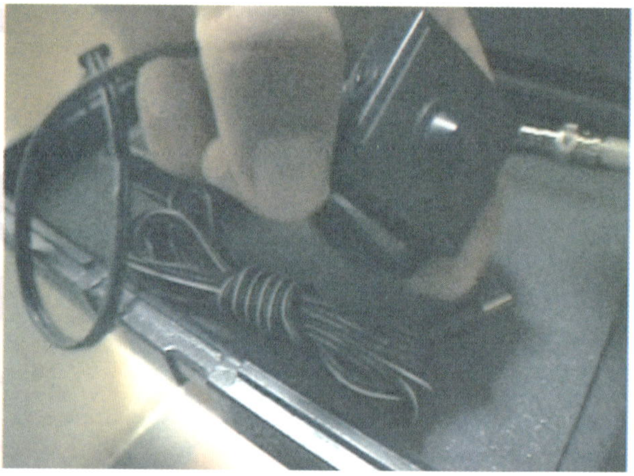

▲便携式摄像机

▼藏在包里的便携式摄像机非常隐蔽，能够轻而易举地拍摄到女性“裙底风光”

安装好摄像机，像稳坐帷幕的蜘蛛一样等着你自投罗网。这种摄像机常被安装在公共场所，比如宾馆、桑拿中心、更衣室、高级会所或者健身房，甚至会被安装在你的卧室里。佛罗里达州一名男子将镜头藏在鞋上。他靠近女性，把脚放在她们的裙子下面。最终他引起了受害人的疑心并被警方逮捕。美国华盛顿一名妇女在饭店浴室的天花板上发现了一个微小的镜头。经警方调查，是一名维修工在上面安装了精密摄像机。此人一直在向网站出售图片。

c. 固定式摄像机还可能被安装在卫生间，床铺和更衣室的天花板上。它们也会被伪装成普通的家庭用品，隐藏到收音机、烟雾探测器、相框、台灯甚至是填充玩具里。如果你担心房间的私密问题，那么在家里发现来历不明的东西，或者熟悉的东西出现异样时，你都需要多想一想。不要放过任何一个小孔，那是置入针孔摄像机的最佳位置。

d. 有些固定式摄像机采用无线设备，不用布线，更容易隐藏，而且安装移动都十分方便快速。如今，无线产品在供电、图像传输等技能都十分成熟，效果几乎可以与有线的设备相媲美。所以犯罪分子还可能会采用无线的微型摄像机，以及配套的无线窃听器。

e.犯罪分子也用带内置摄像机的手机来偷拍妇女脱衣服，这样的行为更加灵活、令人不易察觉。如果有人带着手机不怀好意地靠近你时，一定要小心，无论当时的情况多么正常，都不要掉以轻心，迅速躲开来意不明的陌生人。

f.最后，警惕双向玻璃镜。偷窥者常用它来录制妇女在家的情景。如何判断镜子是否是双面镜呢？你可以拿一只手电筒，将光线打在镜子上。如果是真正的镜子，光线会形成反射光，而双面镜则不会。

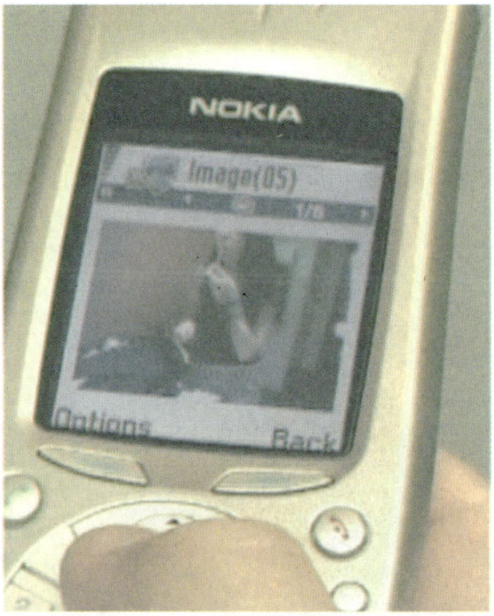

▲手机偷拍也很普遍

B.如果你遇到可能被偷拍的情况，你该如何应对，才能终止侵害？

a. 首先你需要提高警惕，无论是在人多的公共场合中，还是独自一人在更衣室里。注意走近自己身边的陌生人，提防身后有没有人与自己的距离过于靠近。不要像吉娜一样沉浸在欢乐的情绪里，对周遭一无所知。就算周围有再多的第三只眼,只要自己做好了一切防备就不怕。所以，在自己心里建立起防范意识是必不可少的。

b. 你应该特别注意并打理好容易走光的服饰。一般容易走光的服饰是短裙、低胸衣、高开衩的长裙、透明衣物、低腰裙、同色内裤、丁字内裤、深色内衣等。尽量避免穿着过于暴露。越是娇艳欲滴的花，越是容易吸引蜜蜂，一个穿着过于暴露的女人在外行走，自然会招来无数的眼睛，当然也包括那只令人厌恶的第三只眼。

c. 警惕有可能安装偷拍器材的各种死角。比如在更衣室中，最好不要轻易脱下内衣，检查可疑的设置，并尽可能避开它们；不要把不熟悉的人送来的礼品放在自己的卧室里；出游时在一些不保险的宾馆中，更换衣服时注意关灯；对一些容易快速安装偷拍器材处要经常观察，注意提防。在商场里，对于提着手提袋凑到你身边的人，一定要设法回避，因为谁也无法确认，里面会不会藏着一个正贪婪地辨认着你内裤颜色的摄像机。穿裙子上下楼梯时尽量走在正中间,因为从侧下方看你“裙内春光”是非常容易的，这会给歹徒偷拍制造可乘之机。

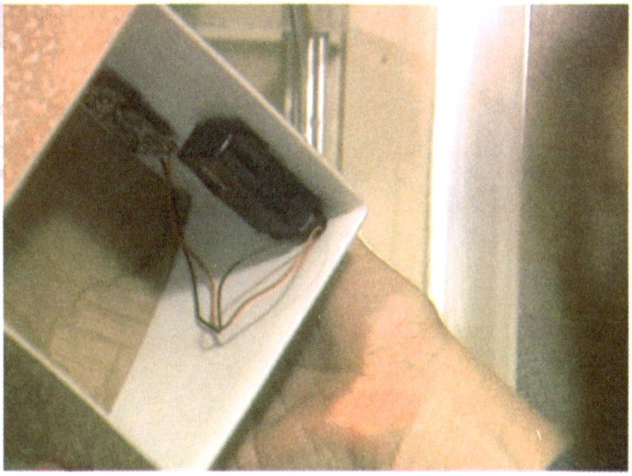

▲家里出现的陌生物品都有可能藏匿摄像设备

d.随着科技的发展，专门的防偷拍设备应运而生。这种仪器的主要工作原理是探测那些摄像机、窃听器的微波信号，它们一旦发出信号，探测狗就能搜索感应到，从而很容易找到他们的位置。

e.如果已经被偷拍，你要勇敢地拿起法律武器，维护自己的合法权利。如果现场发现，立刻报警，如果事后控诉，一定要掌握足够的证据，把恶意偷窥、偷拍的歹徒绳之以法。我国的《国家安全法》《刑法》《民法通则》《反不正当竞争法》等有关法律，都对非法使用偷窥、偷拍等专用器材专门制定有相应的法律制裁条款。

你知道吗?

如何妥善处置自己的个人信息和金融资料?

小偷很可能会公开收集你的个人信息和金融资料，前提是你的疏漏给他们提供了可乘之机。

如何防范才能避免此类状况呢?

后备箱自助逃生记

引言

你在约会后深夜回来，一个持枪歹徒突然出现，强迫你钻进汽车后备箱，然后把车直接开进了湖里！你能及时逃生吗？

21岁的梅丽莎凌晨两点开车回家，她遭遇了持枪劫匪！被洗劫一空后，劫匪为了灭口，逼她钻进汽车后备箱，还将车开进了湖里……

▸▸▸ 后备箱

“站住！把车钥匙给我。钻到后备箱里去！”歹徒掏出枪来，凶神恶煞地威胁着梅丽莎。

这是一个极其普通的周日，美国田纳西州孟菲斯市的夜幕降临了。客户服务代表梅丽莎用了整个下午陪着母亲在商场选购礼物，之后她又和约好的女伴一起看了场电影。看完电影，梅丽

◂梅丽莎凌晨两点开车回家把车停在车道上的一盏路灯下面

▸梅丽莎习惯性地检查了手上的东西，确定是不是还有东西落在车里，便下了车

莎心情愉快，只是略微有些疲倦，此时已是凌晨两点了。梅丽莎决定开车回家，她的未婚夫理查德一定正在家中等待着她，想到这里，梅丽莎露出了一丝甜蜜的笑意。

像往常一样驾驶着自己的车子，梅丽莎扭开音箱，随着最爱的音乐一起摆动着身体，以此打发回程的时间。一切的一切都是那么的平常，她怎么也料想不到，一场噩梦即将来袭。

公寓大楼已近在眼前，梅丽莎把车停在车道上的一盏路灯下面。她习惯性地检查了手上的东西，确定是不是还有东西落在车里，然后关上了车门，锁好车，朝回家的方向走去。

这时，一个神色怪异的家伙迎面朝她走了过来。一丝不安略过梅丽莎的心中，夜深人静的小区里，突然出现的陌生人让梅丽莎觉得很别扭。也许他是临时出来买东西的邻居，梅丽莎暗自猜想着，并扬起头给了陌生人

▼梅丽莎被迎面而来的陌生人劫持

一个轻松的笑容：“嗨，你好。”然而陌生人回应她的不是友好的招呼，而是一把手枪，一把乌黑的手枪，枪孔黑洞洞地直对着她。

“不要动，把你的手袋交给我！”陌生人低低地说了一句，声音不大，却充满力量，梅丽莎顿时被攫住了，四肢僵硬，无法动弹。

无数念头霎时间掠过她的脑海，她想立刻把笔记本电脑、包和手袋……所有东西都丢在那家伙的脚下。她想到了跑，可她觉得即使跑也跑不掉，她没有那家伙跑得快。她还想到，未婚夫理查德还在家等着她……梅丽莎的大脑一片混乱，唯一清晰的意识是：自己遇到劫匪了，现在生死难料。

▲绑匪强迫梅丽莎钻进自己车的后备箱里，并恐吓她老实在里面待着

“车钥匙给我，到后备箱去！快钻进后备箱，快点！有自动提款机的银行卡吗？”歹徒用枪指着梅丽莎，凶神恶煞地问。

可怜的梅丽莎只得答道：“在手袋里。”她太吃惊了，吃惊到无法想到别的事，她仍然不敢置信，甚至觉得自己在做梦。她极力想让自己平静下来，却呼吸急促，曾经电影里持枪抢劫之后的强奸、杀人等可怕的场景一幕幕的在她眼前闪过，她只觉得两腿发软，浑身无力……

歹徒动作粗暴地抢过她的手袋，拿在手里后继续命令她："转过身去，快点。"他把冰冷的手枪抵在了梅丽莎的腰，不容分说地迫使她钻进汽车的后备箱里去。

当梅丽莎老老实实地钻进黑暗狭窄的空间之后，后备箱门"砰"的一声被身后的歹徒无情地关闭了。

▶▶▶ 等　待

恐惧一路上缠绕着梅丽莎，她蜷缩在后备箱里，逐渐感觉浑身酸疼、胸闷，无法预测的恐慌，令她在漫长的煎熬中瑟瑟发抖。

就这样，梅丽莎被严严实实地困在漆黑的后备箱里。她以为自己能够找到什么办法打开后备箱，然后在碰到红绿灯的时候跳车，可她没有得到任何机会。车子一路上走走停停，梅丽莎开始感觉越来越颠簸，内心恐惧的她暗自揣测着车子是不是已经驶离了市区，来到偏僻无人的郊区……梅丽莎不得不把四肢都紧紧地蜷缩在狭窄的空间里，并且感觉胸腔里一阵一阵地泛起恶心。钢铁是那么冰冷，而情况是那么糟糕，每次一停下来，梅丽莎都会担心歹徒是不是要干什么，她知道，这个时候什么都可能发生，可歹徒又偏偏不动声色。"他到底想要干什么？"梅丽莎叫苦不迭。

恐惧一路上煎熬着梅丽莎，她担心自己会碰上这辈子最可怕的事情。直到这时她才肯相信，电影里才会发生的情节，真真实实地发生在了她自己身上。那乌黑的枪口，那凶恶的歹徒……她的生命随时都可能结束！那种无法预测的恐惧令她浑身发抖，她不知道歹徒到底想要怎么样，不知道他要怎样对待她。尤其是当她冷静下来，想起自己刚才借着路灯的光，已经看清了劫匪的脸，可以把他指认出来。歹徒当然也知道这一点——

▲梅丽莎的未婚夫理查德奇怪这么晚了梅丽莎还没回来，便给梅丽莎的母亲打了电话询问梅丽莎的行踪

那意味着，他是不会放过这车厢里手无缚鸡之力的羔羊的！一种酸痛渐渐从身体浮起，并且越来越重，呼吸也变得越来越困难，而铺天盖地的恐惧更是张开血盆的大口，一口口地吞噬着她脆弱的神经。哦，可怜的梅丽莎！她那么年轻，从来没有这么害怕过，这种刻骨铭心的恐惧夺去了她的理智，她绞尽脑汁也想不出逃生的法子，她只剩下在内心默默地祈祷，希望奇迹会发生，希望她身边能有一些逃生的工具，希望警察会拦截这辆车，希望上帝能给她一个逃跑的机会，甚至希望理查德会忽然出现……

可是这一切都没有发生，梅丽莎的手袋被歹徒抢走，没有任何联系工具，甚至连一只照亮的电筒都没有。宝贵的时间在漆黑的后备箱中一分一秒地过去，甚至她还不知道，此时，她已经到了离家 80 千米远的地方。

▸▸▸ 恐　惧

一种异样的失重感令梅丽莎恐慌不已，不等她多想，她的周围充满了水。水正迅速地涌进后备箱，冰凉地浸湿了她的身体！

“我会被杀掉吗？这恶棍要把我带到哪里去？”正当梅丽莎被困在后备箱眼睁睁地等待屠宰的时候，她感觉到车速慢了下来，然后车子缓缓停了。

梅丽莎的心几乎要跳出胸腔，她屏住呼吸，等待噩运的降临，可四周却悄无声息。“歹徒究竟在干什么？为什么还不采取下一步的措施？”梅丽莎几乎要疯了，她发硬、颤抖的四肢开始变得瘫软无力，她的神经紧张得快要发疯，可周围却依旧非常安静。

▼歹徒把车开到荒无人烟的湖边，直接把后备箱里装有梅丽莎的车推进了湖里

一种异样的失重感令梅丽莎隐约感到了一丝不祥，不等她多想，她的身边开始有冰凉的液体渗了进来。黑暗中，梅丽莎什么都看不见，只是周身逐渐变得冰凉，梅丽莎忽然反应过来——她被歹徒连人带车扔进了湖里！

水非常冷。梅丽莎吃了一惊，突如其来的事实令她难以承受地尖叫起来，她忽然意识到任何人也听不到自己的声音，午夜冰凉的湖水四周，哪里会有人听得到深陷汽车后备箱里的呼救！

梅丽莎濒临癫狂！她突然醒悟，如果此时自己没能及时脱离车厢，这将

◀狭小的后备箱里积满了冰冷的湖水，梅丽莎挣扎着

▶汽车已经垂直下沉到湖里，而梅丽莎依旧被困在后备箱里

是她生命中的最后一天。

▶▶▶ 自　救

“我今天是不会死的，我还没到死的时候，而且我就要结婚了。”梅丽莎暗暗鼓励自己。

一束小火花霎时划过梅丽莎的脑海，她迅速伸出手去，开始疯狂地用力撕扯汽车音箱的线，因为用力过猛，水“忽”地一下，迅速地涌进了后备箱。“必须保持冷静，想办法从后备箱出去。”梅丽莎暗暗叮嘱自己。她逐渐冷静下来，并对自己下定了决心，“我今天是不会死的，我还没到死的时候，而且我就要结婚了。”

电光火石之间，梅丽莎想起了曾经看过的一个电视节目。节目讲述了从车里面打开后备箱的方法。来不及细想了，此时车在水中几乎已经直立了起来，不断地向水下坠去，一分一秒都是宝贵的！梅丽莎用最快的速度在水中艰难地转过身，把后备箱顶上的装饰材料一块块往下扯。果然像那节目中所说的一样，里面是空的，只有一把代表着生命和希望的箱盖闭锁。她使劲地拉控制线，同时按动控制线上的小杠杆，这时，后备箱缓缓地打开了。

梅丽莎顺着打开的口，在湖水没有完全淹没后备箱的时候极快地爬了出去，使劲全身力气向水面上游。来不及注意别的了。漆黑的湖面就像一张怪兽的大口，将小小的汽车整个吞了下去……

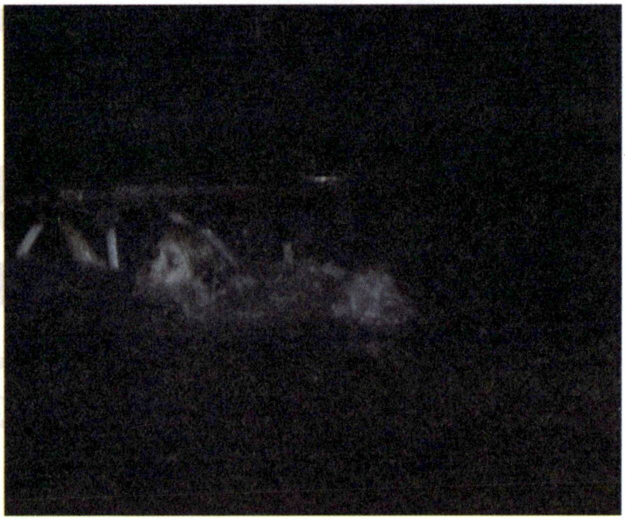

▲在湖水就快淹没后备箱的时候，梅丽莎极快地爬了出去

▶▶▶脱　险

残存的力气正在消耗殆尽，梅丽莎上岸后依旧不敢轻举妄动，他怕歹徒随时冲出来给她致命一枪，直到好心人的出现，她才意识到自己真的获救了！

梅丽莎用尽全力拼命地向岸边游去，忽然想起，“万一歹徒还等在岸边怎么办？他会不会用手枪打死我？”浓黑的夜幕笼罩着整个湖面，梅丽莎一面游一面祈祷：“神啊，请你保佑我不被歹徒发现吧。”残存的力气正在消耗殆尽，梅丽莎渐渐失去了意识，只是机械地游动、游动……直到一块硬硬的水泥板碰疼了她的身体——终于靠岸了。

▼梅丽莎用尽全力拼命地游向岸边

梅丽莎在那块救命的水泥板上趴了很久，大气也不敢喘一口，她

真怕自己一旦站起来，子弹就会向自己飞过来。她太害怕了。一分钟像一个世纪那样长。梅丽莎听见了蝉鸣，听见了人在远处咳嗽，听见了汽车鸣笛，听见了深夜里能够听见的一切声音。终于她确定绑架者已经走了。梅丽莎鼓起勇气站了起来，她拖着虚弱的身体，迅速找到了一个藏身之地并把自己挪了进去。心里逐渐镇定一点之后，她发现口袋里居然还有一把小刀，之前她已经害怕得忘记了。

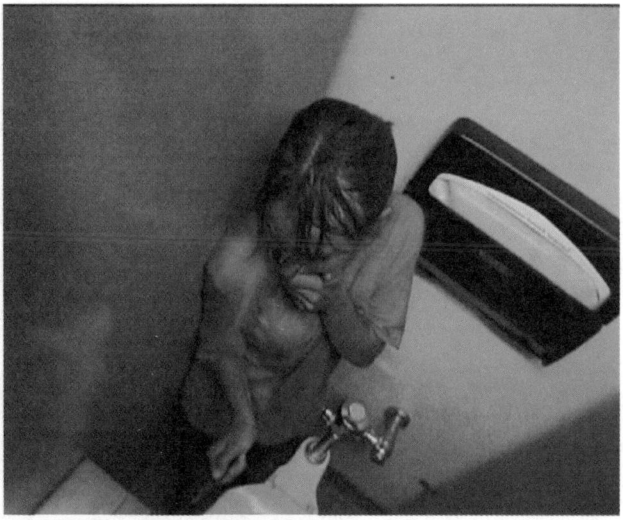

▲梅丽莎拿着小刀，躲在门板后瑟瑟发抖

梅丽莎依旧很担心歹徒还会回来杀死她，女人的极端敏感让她开始胡思乱想，她坚信他还会回来找她，忽然打开门，然后开枪打死她。那种战战兢兢的感觉将她牢牢地钉在原地，一分一秒地煎熬着她。身上的体温正在一点一点地被耗尽，梅丽莎开始瑟瑟发抖，就在这时，她发现天际边露出一丝微弱的曙光。

“救命！谁来帮帮我啊！有人吗？救命啊！我在这儿，请过来帮帮我吧。救命……天啊，请帮帮我吧。”梅丽莎一遍一遍地呼喊，语无伦次，声音低迷，她几乎

▼天亮了，梅丽莎才敢跑出来寻找救援

▶路过的好心人发现了梅丽莎，并帮助她打电话报警

用尽了所有的力量去发出求救声。

路过的人注意到了形容枯槁、面色惨白的梅丽莎。“别担心，别担心，没事了。”一个热心的青年搀扶住了她，“一切都过去了，别害怕。”

听到温暖的安抚，梅丽莎所有紧绷的神经顿时松懈，她再也忍不住了，号啕大哭起来，泪水顷刻间洒了搀扶她的热心人全身。发泄过后的梅丽莎发觉自己的腿一瘸一拐的，膝盖也正疼得厉害，但不管怎样，最可怕的时刻已经过去了，她知道自己已经脱离了危险。

▶▶▶ 噩　梦

“我从没想到这种事会发生在我身上，简直是一场噩梦！”梅丽莎心有余悸地说。

经历了那次惊心动魄的抢劫，正在准备和理查德结婚的梅丽莎还是心有余悸。“出事的时候，我内心默默地说，上帝啊，求你让人知道我失踪了吧。我只想再见理查德一面，还有瓦雷里、妈妈、希瑟，我所有的朋友。我想见我的朋友。”

说这些话的时候，年轻的梅丽莎脸上掠过惊恐的神色，一点儿也不愿回忆起那些令人肝胆碎裂的时刻。“那个时候，我以为再也见不到我的家人了。我在阴影里瑟瑟发抖，发不出任何声音，我的生命从没有经历过那样绝望和无助的时刻。这次事件以后，我和家人的关系变得更加紧密了，我会花更多的时间陪爸爸妈妈。理查德也非常爱护我，他是我的后盾。”

梅丽莎的男友理查德，不，现在该是她丈夫了，他说，“我觉得如果梅丽莎没有想到逃生的办法，很有可能就没有今天的她了，我们也会彻底失去她，我受不了这样的打击。”

调查案件现场的女警察这样评价梅丽莎：“在那种情况下，她能活下来真的是非常幸运。不过人的求生欲总比自己想象的要强烈，在那个时候，人要比自己想象的坚强得多。”随即，绑架梅丽莎的罪犯被抓了回来，警方在犯罪现场找到了他的指纹。他被判 40 年监禁。事发当天，梅丽莎的汽车也在湖中被找到。

“帮助我的人打电话报警的时候我还没有完全恢复

◀警方调查人员在捞起的车箱内查找歹徒的犯罪证据

▶现实中真正的梅丽莎与丈夫理查德更加珍惜彼此了

过来。后来他们把我的车拉出来时，我们去看了，直到这时我才慢慢好转起来。我从没想到这种事会发生在我身上，真是一场噩梦！”梅丽莎顿了顿，继续道，“我决心忘记这个噩梦，并且活得更坚强、更快乐一些。”笑容绽放在梅丽莎的脸上，她即将成为一个幸福的新娘。没人知道，她曾经历过那样一个黑暗、绝望的时刻。

如何应对？

年轻女性独自走夜路回家时，一定要小心谨慎，以防万一。如果你不幸跟梅丽莎遇到了同样的状况，下面的几种方法或许可以帮到你：

A.深夜独自一人遭到歹徒袭击，你该如何应对？

a. 如果袭击者要抢劫你的东西，把东西扔得远一点，选择在袭击者弯腰捡东西时逃跑。不要直线跑，一个奔跑的目标被枪击中的概率仅有 4％，选择“之”字形路线则可以进一步降低被击中的概率。

b. 不要鲁莽反抗。一个单身女子不可能同施暴的歹徒斗力，这一点梅丽莎就做得很好，无谓的反抗只能招致歹徒的邪念和更加不幸的事情发生。

c. 沉着冷静，迅速想方设法逃离困境。切忌当着歹徒的面大喊“我认清你的长相了，我会指认你”诸如此类的话，会引起歹徒的杀心。

B.如果被关进汽车后备箱，该如何逃生？

a. 如果你还算比较“幸运”，被困在后备箱里时没有被捆住，只是被迫进去的，或是昏迷后被扔进去的，那么首先，你要在黑暗中战胜恐惧的心理，保证清醒的头脑，冷静下来思考自己的状况。看看自己身上是否有可以发光的小物件，比如小型手电、夜光表、手机、打火机，甚至可以发出微光的首饰等等——使用打火机的时候千万小心不要引起火灾，否则局面会更糟糕。利用这些光源安抚一下自己，然后迅速观察后备箱的环境，寻找是否有可以从内部开启的装置；如果没有，则需要了解哪些部位有明显可以松动的螺栓或者其他部件。

b. 你大可不必为缺少氧气而发愁，因为虽然大多数汽车的整体密封性很好，但它内部还是相通的，也就是说后备箱的空气与车厢内的空气可以进行交换。如果你感到胸闷、呼吸不畅，多是因为你蜷缩的姿势和心理作用。

c. 如果你被扔进了后备箱，就要知道如何开锁。虽然每款车的结构都不一样，但自从 2002 年以后，所有新车都安装了能发光的深色把手，你可以折叠后排坐椅，从内部开启后备箱，然后安全离开。在购买新车的时候，应该充分了解

▲"之"字形逃跑可减少被击中概率

自己车子的结构。如果是别人的车，也一定要稳定情绪，寻找类似把手的物品打开后备箱盖。如果是在老式汽车上，那闭锁处是连着一根控制线，一直接到后备箱的锁上的。即使找不到闭锁，也要努力寻找其他机会。

d. 你如果很不幸被捆住了，那你应采取最有效的方法就是用脚全力登踏后备箱两处尾灯的位置，将其破坏掉来引起别人对此车的注意，从而获得逃生的机会。你也可以扯断尾灯的电线，甚至可以砸掉尾灯，总之给汽车制造出越多的异样情况，你获救的机会就越大。

e. 一定要保持镇定的心态、清醒的头脑。处事冷静、随机应变是获救的基本条件。如果不及时采取措施积极自救，一味做无谓的埋怨、哭泣等，只能加速消耗自己的体力和身体中的水分，如果没有被及时救出，你将更容易脱水、昏厥乃至死亡。

f. 如果后备箱被你打开了，千万不要声张，更不要立刻跳出后备箱，尤其是感觉车子正在高速行驶的时候。注意外界的声音，或悄悄伸出手臂或伸出手指吸引别人的注意，也可以把能找到的任何东西扔出去。一位阿拉巴马州的妇女就是这么做的，跟在后面的一辆车看到了她的手指，于是报了警。另一位女性则打开了后备箱盖，挥舞手臂吸引别人的注意。如果

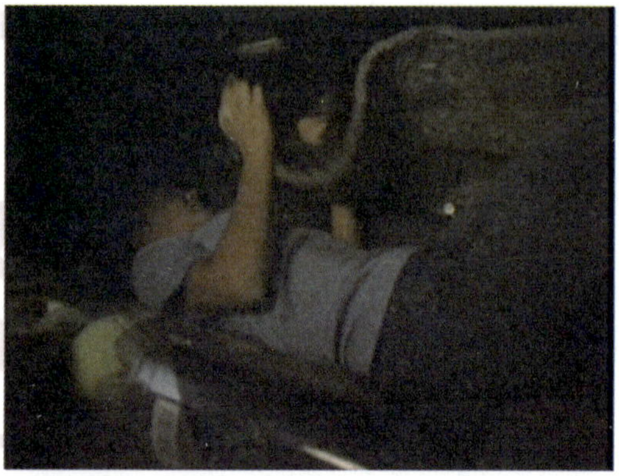

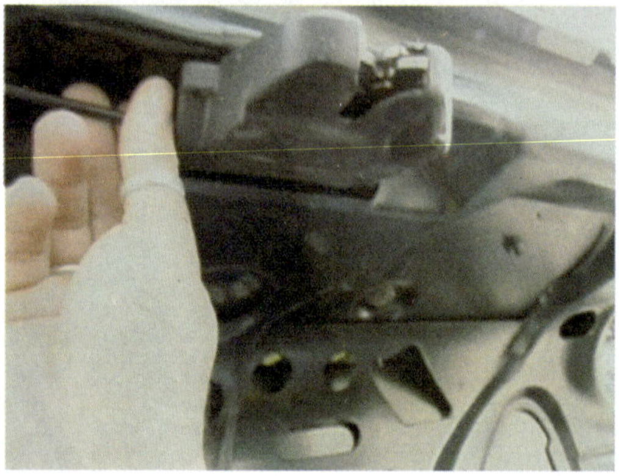

▲撕扯后备箱顶上的装饰材料，能够露出闭锁的控制线，闭锁处连着一根控制线，一直接到后备箱的锁上，用力拉扯控制线，后备箱盖就会打开

罪犯停车，你就有机会逃跑或大呼救命。圣地亚哥的一位妇女被困在了后备箱里，绑架者犯了个错误，把车停在了加油站，她便从里面逃了出来。

C.逃生后求救，你该如何应对？

a. 逃生后的你很容易精神惶恐，就像梅丽莎那样，担心歹徒会发动再一次的袭击。记住！一定要保持清醒，往人多的地方跑，一边跑一边呼救，在自己脱力之前遇救。如果逃出来的时候是深夜，先认清路面形势，往附近的小商店或24小时超市走，不要留在荒郊野外，以免再次发生危险。

b. 记得留意身上所带的东西，手机、打火机，甚至一切零碎的小东西，这些东西在关键时刻都能救你的命。不要像梅丽莎那样忘记了自己身上还有防身武器。

▼用力蹬踏后备箱两处尾灯的位置，将其破坏掉来引起别人对此车的注意

c. 最后一点，无论何时都不要放弃求生的念头。毫无疑问，梅丽莎强烈的求生欲望是她获救的最大支撑。如果你首先向困难低了头，那即使上帝来了也帮不了你！

危机四伏的取款机

引言

您正在自动取款机上取钱，忽然，从隐蔽处跳出一名男子，为了得到你的钱，他手持凶器威胁你。此时，你该如何应对？

站在自动取款机前的时候，谁也不愿意背后有陌生人用贪婪的目光盯着自己。然而，发生在自动取款机前的抢劫事件正日益增多，甚至波及一个安宁的南方小镇。桑德拉在一个深夜就遇到了这样的事。她只好沉住气，同几个犯罪分子进行一番周旋……

▸▸▸ 抢　钱

桑德拉在深夜驱车来到了一个自动取款机跟前，这时四下无人，当她正准备取钱时，忽然看见一个戴着滑雪面罩的歹徒朝她冲了过来……

将近午夜，美国路易斯安那州新奥尔良市郊区的贝利奇斯公路上一片沉寂。中年女性桑德拉正驱车前往附近的一个银行。

经常熬夜的桑德拉，本来在自己的房间里看报纸。她忽然觉得腹中鼓点大作，而冰箱里却空空如也，她只好拿着钱包下楼去买吃食。

桑德拉在楼下的便利店里挑了面包、火腿、饼干、一瓶饮料和一本杂志。当她走到收银台的时候，她忽然发现自己钱包里的钱已经所剩无几。这真是很无奈，到底是在深夜里独自去提款机前取钱？还是放下手中的东西回去继续挨饿？桑德拉举棋不定，最终她还是选择了去附近的银行自

◄桑德拉独自驾车在寂静无人的公路上行驶

►桑德拉在银行取款机附近观察到一辆可疑的车

动取款机上取些钱回来。那个银行离便利店不远，正好自己带着车钥匙。于是桑德拉发动了自己的车子，在寂静无人的公路上行驶。

这时候大概已经是午夜 3 点了，桑德拉扭开了车里的无线电，发现广播里寂静无声。她开始觉得自己有些鲁莽，路上寂寥无人，夜色又十分浓重。桑德拉决定快去快回。

其实这片地区治安是非常不错的。因为自从桑德拉住在这里开始，据她所知，小区附近从没有发生过任何意外，因此，桑德拉并没有太过担心，这也是她决定午夜去取钱的原因所在。

但是，桑德拉从小养成的谨慎性格，使她依然保持着高度的警惕。她把车开到了银行的提款机附近之后，趁着路旁灯光，她坐在车里仔细地四处瞧了瞧。

银行的前面是一个庞大的停车场，里面非常空旷，所有的车辆好像都陷入了沉睡一样，闪着冷冷的光芒。这种气氛实在令人难以久留，桑德拉更加后悔了。

忽然，桑德拉发现离停车场不远的地方，停着一辆大型雪佛兰“郊区人”汽车，它亮着车灯，正面对着高速公路。桑德拉犹豫了一下，她坐在车子里没有动。这时，那辆车像是觉察了什么似的，它慢慢发动起来，顺着高速公路掉转头开走了。

四周空荡荡的，再也没有出现什么异样情况。桑德拉等了一会，大概过去了5分钟，她确定四处没有危险了以后，才放下心来，打开车门，准备到取款机前去取钱。

鬼使神差地，桑德拉忘记了锁上自己的车门。可能是深夜独自一人去取钱让她觉得有些紧张，以至于忘了平时都会注意的事。

走向取款机的整个过程中她一直小心地留意着四周，尤其是当她留意到自己的背后和右侧还长着一些高大的灌木丛的时候，她知道这将成为犯罪分子的绝佳庇护。它们投下长长的黑影，在深夜里令桑德拉觉得有些毛骨悚然。

桑德拉从钱包里掏出银行卡，迅速地插进提款机。她一直竖着耳朵，保持着高度的警觉，忽然之间，她觉得刚才停在这里的那辆“郊区人”汽车十分可疑。于是她又望了望四周，查看一下身后，同时尽量加快了取钱的速度。屏幕的提示速度仿佛比平日慢了好多倍，让桑德拉心焦不已。

▼对面劫匪的车里，歹徒似乎觉察到桑德拉的怀疑便假装离开

随着一沓纸币被机器送出来，桑德拉才长长出了一

◀桑德拉确定四周没人后才下车去取款

▶就在钱取出的一瞬间，桑德拉惊恐地发现了歹徒，她拼命地朝自己的车跑去

口气，可就在这时，她从眼角的余光中瞥到，一张戴着滑雪面罩的脸已经朝向她冲了过来！

桑德拉眼疾手快地抓住了钱，撒腿就向自己的车子跑去！身后的歹徒紧紧地追赶着。

“赶紧跑进车里，把车门锁上。”她在心里对自己说，她也确实是那么做的。那个时刻真是惊心动魄，就在歹徒快要抓住桑德拉车门把手的那一瞬间，桑德拉推上了车锁——也就是十分之一甚至是百分之一秒的时间内，车门“咔嗒”一声锁上了！

桑德拉不敢想象，如果自己刚才在取款之前，像往常一样锁了车，那么她就不可能这样迅速地打开车门钻进去，那就不可能在歹徒追到身边时将歹徒留在车外，如果那样的话，任何危险都可能发生！

▶▶▶智　斗

歹徒并不肯善罢甘休，他用胳膊肘使劲地撞车窗，“给我钱！”他对着桑德拉大声嚷嚷。接着，不等桑德拉反应过来，歹徒亮出了一把巨大的螺丝刀，他抬起手，狠狠地敲碎了汽车的玻璃窗！

就是这一瞬间锁车的差距，让桑德拉能够安全地坐在车里，不会被拉出车外。真是吉人天相，这避免了很多可能发生的危险，桑德拉勉强在心里自我安慰着。

但是现在，危险并没有结束。看样子，这名年轻的歹徒并不准备离去。他扒着车窗，凑近桑德拉的脸，穷凶极恶地对她嚷嚷："女士，把钱给我！"他的目光透过车玻璃，射到桑德拉脸上，她感到了一股彻骨的寒意。桑德拉厌恶地挥手驱赶他："走开！走开！"

▲歹徒对桑德拉穷追不舍

▼桑德拉躲进了车里并呵斥歹徒走开

歹徒凑近车窗，似乎努力地表现出一副非常诚恳的样子："女士，我只要钱。只要你把那些钱给我，我就放你走。"

"你走开！滚！不！"桑德拉拼命地反抗，准备发动车子。

看见桑德拉不肯配合，歹徒立刻露出了真面目，他完全失去了耐心，对她大吼："钱给我！我只要钱！不然我会让你好看的！"

桑德拉心跳得"怦怦"作响，她悄悄地踩了离合器，却不敢挂挡，她怕被歹徒发现。车子依然没有发动，那个罪犯开始拿胳膊肘使劲撞车窗，同时像一只困兽一样大声地冲她重复喊叫："钱！给我钱！"

夜深人静，万籁俱寂，这样野兽一般的吼声简直要震碎桑德拉的耳膜，这声音里充满了原始的欲望，简直不是人发出的声音。桑德拉双手发抖，感觉到眩晕一阵阵袭来，她几乎被巨大的恐惧攫住了，甚至连四肢都无法动弹。

这时候，攻击者突然亮出了一把巨大的螺丝刀，不等桑德拉反应过来，他就抬起手，用力地敲碎了车窗的玻璃！

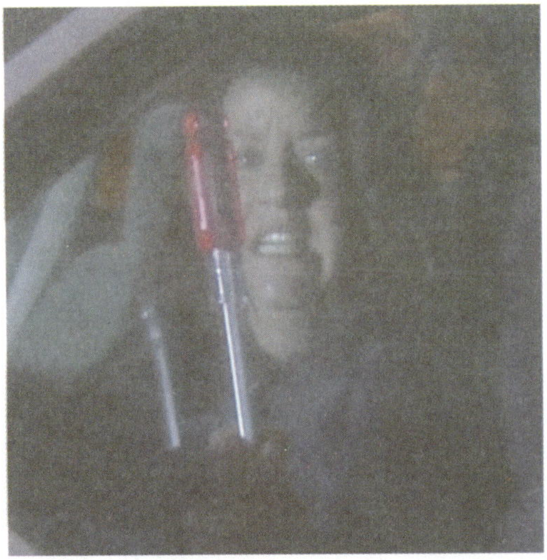

▲歹徒拿着巨大的螺丝刀敲打着车窗玻璃并威胁桑德拉

桑德拉被尖厉的玻璃破碎声吓得呆若木鸡，她眼睁睁地看着歹徒顺着破洞，把头伸进了车窗！没等桑德拉回过神来，这个大胆包天的歹徒已如同饿虎扑食一样，一下子扑在她的腿上！

桑德拉当时的感觉，就像自己小时候看见一头动物园的黑熊忽然从笼子里跳了出来，扑在她的身上一样！她几乎吓得肝胆俱碎！但是紧接着，桑德拉发现，窗户上的碎玻璃碴卡住了歹徒的双脚，他无法将全身钻进车里，他的双脚在车窗外胡乱地扑腾，两只手也在空中胡乱地挥舞，嘴里还碎碎地咒骂不休！

“你不能待在我车里！”忽然间，桑德拉本能地激起了一股斗志。一个念头清晰地从她脑海中掠过，她很清楚自己的车上装有别克君威 GS 的涡轮增压系统，打开增压系统制动油门时，汽车会在 3 秒内达到 60 千米的时速。于是，就在那一秒内，桑德拉下定了决心，她大力一踩油门，来了个三百六十度的大拐弯！

▼桑德拉急转弯将歹徒甩了出去

这一个大拐弯干得十分利索，歹徒一下子就被甩了出去，结结实实地摔在了公路上！

▶▶▶ 飙　车

桑德拉原本想开车撞歹徒们的车，但她转念一想：也许这辆车是他们偷来的，撞车并不是个好主意。于是她紧紧地跟着这辆车，直到她成功地记下了车牌号，并拨打了报警电话。

桑德拉从后视镜里看到那个可恶的攻击者被她重重地甩在地面上。但是，这个歹徒的身体似乎十分结实，他居然很快地从地上爬起来，一瘸一拐地走了几步，接着他开始逃命。

桑德拉并不想就这样放过他。她决定去追赶，用自己的力量将这个抢劫她的歹徒绳之以法。

“这种事竟然会发生在我们镇上！”桑德拉气愤地想，正义感充满了她的胸腔，她推测这个劫匪肯定不是本地人，她还猜测到劫匪一定会有同伙接应。她决不允许这群恶棍一走了之，之后再到处作恶。

果然，她从后视镜看到那个劫匪快速地跑到那辆“郊区人”车前，从后门跳了进去。想起刚才自己遭受的惊吓，看着车窗玻璃上的大洞，桑德拉怒火中烧。她觉得这群歹徒的所作所为实在是太猖狂了！如果自己不加以阻止，他们一定会对更多无辜的人下手。

▼桑德拉看见歹徒跑向同伙的车

想到这里，桑德拉胸中燃起了熊熊的复仇之火，她决定开着车去

撞那辆“郊区人”。桑德拉果断地踩下油门，朝着劫匪那辆车行驶的方向冲了过去。

但是，在那个节骨眼儿上桑德拉忽然醒悟过来：那辆车多半是他们偷来的！如果贸然去撞车的话，并不是明智之举；还有撞车之后，情况反而会变得难以控制，毕竟自己只有一个人，势单力薄，如果挑明了与歹徒单打独斗，实在是太欠考虑了。

唯一可行的办法是：沉住气，跟住那辆车，在歹徒发现自己之前记下它的车牌号，然后立刻报警。桑德拉尽量控制自己，平缓地、偷偷地跟着那辆车。所幸的是，那辆车没有加速，歹徒们似乎并没有意识到有人会跟在他们后面。

桑德拉咬紧牙关，将车子开到路边，越过中线，等加速到最大限速——45 千米的时速时，才贴近那辆车，并看清了车牌号，把它记了下来。

她开车的身手实在漂亮极了，这让歹徒们自以为逃脱了。正当他们洋洋得意的时候，他们才从后视镜里看到了那个原本以为已经被甩在停车场上的女人像天神一样降临在他们身后，开着车追逐他们。歹徒们惊慌失措，不知该逃向何方。

桑德拉在心里默默地说：“是的，没错。你们在错误的时间，错误的地点，选择了一次错误的劫持。”她把车牌号记上心头，并拿起手机，立刻拨打了报警电话。

▼桑德拉紧跟着歹徒的车

▸▸▸ 女英雄

桑德拉机智而英勇地跟着歹徒的车，并把他们引进了死胡同。她死死地盯住歹徒的去向，并向警方及时地提供了线索，歹徒被顺利地抓获了，桑德拉成了小镇上的英雄。

桑德拉拨打了报警电话之后便加速超过了劫匪的车。接着，她从后视镜中看到，那群歹徒也开始加速并将车子紧跟了上来。

桑德拉才不会受到影响，她骤然加速行驶，在一个拐角处迅速调转车头挡住劫匪的车！愚蠢的歹徒们慌不择路，立刻往路边打轮来变换方向，于是他们把车开进了拐角后面的死胡同。局面顿时被扭转过来，这一次，轮到他们感到束手无策了。

就在此时警笛大作，桑德拉远远地看到几辆警车正在不远处向这边驶来。歹徒没有任何办法，只得下车向丛林中跑去。桑德拉英勇地再次采取行动！在警车开过来之前，她坐在车里，紧紧地盯着那三个歹徒不放，确保自己知道他们都朝哪个方向跑了，以便在警察赶到后为警方提供线索。

▼桑德拉下车帮助警察指出歹徒逃跑的方向

随着警笛声逐渐靠近，桑德拉看见了四处扫射的探照灯，警察赶到了！桑德拉从车上跑下来，对着警察说："我就是刚才报警的那名女士，我看到他们朝那边跑了！"她指出了那些家伙逃跑的方向。随即，大规模的搜寻在四周范围内展开。

不知过去了多久，警察再一次出现在桑德拉的面前，这一次，后面跟着带着手铐的歹徒。桑德拉成功了，警方在她的帮助下逮捕了这伙歹徒，并指控他们企图抢劫。歹徒被及时地送进了监狱，桑德拉的事迹也被迅速地传播开来。

桑德拉英勇而伟大的举动受到了小镇居民的追捧和颂扬。在关键时刻，她机智地保护了自己，也保护了她所在的小镇，保护了那些与她朝夕相处的人们。这确实很值得骄傲，因为从那以后，小镇上再没有发生过抢劫事件。

但桑德拉永远无法忘记那个穷凶极恶的歹徒，在那个令人惊恐的深夜，他就像一只闻到血腥的豹子一样对着自己咆哮："钱！钱！钱！"那个场景留给桑德拉的印象真的是太深刻了。

▼现实中真正的桑德拉成了小镇居民心目中的女英雄

如何应对?

▲如果你像桑德拉一样停车使用取款机，必须保证你的车子能在必要时迅速启动

▼取款时尽量白天操作并确保周围没有可疑人出现

每天都有三亿八千多万项交易在自动取款机上完成，大部分交易快捷而安全。但发生在自动取款机前的抢劫事件正日益增多，所以，不要掉以轻心。在你使用取款机时，请记住以下几点：

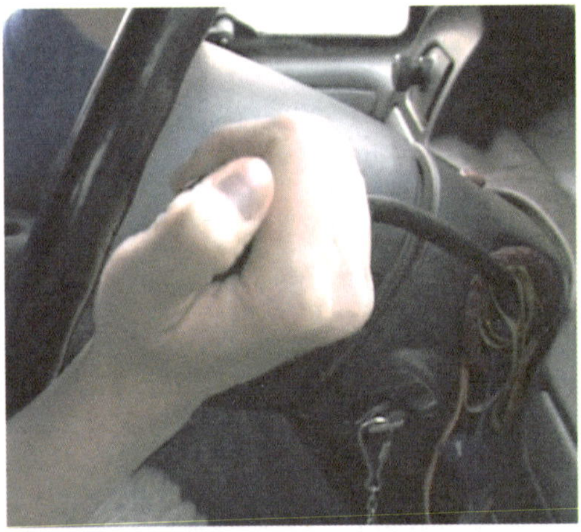

A.你应该选择什么时间取款以及选择什么类型的取款机最安全?

a.如果你需要使用的是室外自动取款机，建议你选择位于建筑中心的取款机。通常小偷很可能藏身于角落、电线杆、树木或植被中，而建筑中心缺乏这样的藏身角落，那里一般使用玻璃外墙，使视线透明，并且较为热闹繁华，也方便你在情况紧急的时候向他人求助。

b.如果你像桑德拉一样停车使用取款机，那么你需要保证你的车子能在必要时迅速启动。如果遇到抢劫等事，立刻往自己车里跑，把歹徒挡在车子外面，并立刻锁上车锁。就像桑德拉一样，呆在安全性能良好的车里是最安全的逃亡方式，并且不要理会歹徒的威胁，立刻开走你的车。

c．当然，建议你最好在白天使

用取款机，这样受攻击的可能将会减少。尽量不要深夜一个人在取款机前取钱，如果情况特殊，可以询问商店是否能够使用刷卡消费。

◀一定要记得拿好自己的卡再离开

▶取款时要保持一定的安全距离

B.取款过程中遇到什么样的情况时，你应该特别注意？

a．如果遇到疑似假币、金额不对等情况，不要将全部注意力放在取款机上，而要同时对周遭发生的状况保持警惕,尤其是不要让任何人趁此机会走近你,以免被歹徒挟持、蒙眼等。

b．取钱完毕之后,请尽快将钱收好并迅速离开取款机，尤其是取款金额较大时，等找到安全的地方后再数钱，毕竟站在取款机前点着大把的钞票太过吸引歹徒的眼球。其实你的银行记录会显示取款金额，你可以向银行打电话查询，那里有详细的数据。

c.如果正常操作取款机之后，机器上显示工作正常，却没有出款，请不要逗留，立刻取卡走人并联系工作人员，这有可能是歹徒设下的陷阱。

C.如果你已经遇到劫匪，如何应对才能使自己受到最小程度的伤害？

a.如果是近距离面对抢劫的歹徒，一般情况下先不要跑。因为歹徒的目的只是为了钱财，如果急于逃走反而会使歹徒凶性大发，顿起杀心。可将取出的少量钱财、物品交给歹徒，再寻找机会逃脱，以确保生命安全。

b. 力图保持冷静，不要显出惊慌失措、畏惧软弱的样子。因为劫持者在抢劫的时候一般也在察言观色，俗话说做贼心虚，如果你越害怕他就会越肆无忌惮、为所欲为。

c. 如果对方人多而且挟带了凶器，千万不可与他们硬碰硬，尽量配合他们，可以假装答应他们的一些要求，尽量让他们放松警惕。

d. 注意歹徒的相貌、口音、衣着和逃走的方向。如果是骑摩托车或者开车抢劫的话，注意车牌和车的外形特征。

D.如果你发现可疑的人在身边，你该如何应对?

a. 如果你在取款机附近看到可疑的人，请马上取消交易，尽快离开现场并立刻向警方报告你的情况。如果你忘记按“取消”键，请给金融代理机构打电话确认交易已取消，否则其他人将能轻易地从你的账户上把钱取走。如果你还没有输入密码，看到其他人靠近你，可以用手遮挡等想尽各种办法确保他没有机会看到你的密码。

▼如果你在取款机附近看到可疑的人，请马上取消交易

b. 如果有人太靠近了，不要怕难为情，直接告诉他。陌生人之间应至少保持5米的距离。在取款机附近时，你需要和身边所有人保持一定距离。如果他硬要靠近你，立刻报警。大多数自动取款机前面都有全息录像，可以拍下歹徒的面孔和他的行为。

c. 如果可能，你最好找人一起陪同，让他在附近防

◀取款时留心周围的可疑人物

护。这样的话，一般的抢劫者将会知难而退。波士顿一名妇女吓退了一个企图抢劫她女儿的歹徒，因为劫匪并不知道有人监视，一听喇叭响，拔腿就跑了。

d. 如果你有车，那么遇到歹徒的话还有办法可想。一个持枪歹徒企图抢劫一位佛罗里达妇女，并让她前往另一家银行再次提款。这名妇女装作去开车门，趁机抓住变速排档猛然倒车，得以成功逃脱。在她报警后，歹徒旋即落网。

e. 最主要的是，你需要具备城市生存能力，并时刻保持警惕。学会辨识危险，你将逃脱取款机前危机四伏的抢劫事件。

你知道吗?

身份盗用会转移你的邮件?

你收到的邮件数量会成为身份盗用的警报信号吗？如何应对才可避免？

危险追踪

引言

你目睹了一起绑架案。绑匪知道你在跟踪他，而且他还可能带着枪。你该如何应对？

有时帮别人是很危险的，拿自己孩子的生命冒险更不可想象。而金·海姆加特纳在一个接孩子放学的下午，目睹了一起绑架案并且追踪绑架者13千米以后，她面临着一个艰难的选择……

▸▸▸ 疑　惑

金·海姆加特纳正和她6岁的女儿杰姬开车经过一辆车子，她看见了一个男青年正在绑架一个小女孩！海姆加特纳意识到自己和女儿是唯一的目击者，作为一个母亲，她清楚失去儿女的感觉……

◀12岁的米干·范·克里夫正从学校往家走

▶年轻人从包里拿出枪藏在腰间并下车朝小女孩走过来

美国华盛顿的克拉克斯顿是位于爱达荷州边界附近的一座小山城，一天傍晚，12岁的米

干·范·克里夫正从学校往家走。她走进一条街道，那里离她的家很近。

小小的范·克里夫正在回味着学校里有趣的事情。沉浸在愉快情绪中的她，丝毫没有发现身边有什么异样。她完全没有留意到，一辆奇怪的白色汽车缓缓从她身边开过，然后又绕了回来。

一个男青年从车里走了出来，他穿过马路，来到了范·克里夫的身边。小女孩浑然不觉，她已然全身心地沉浸在快乐的回忆中，脸上带着甜蜜的微笑。忽然之间，男青年伸出手臂狠狠地拽住了她的胳膊！可怜的小女孩还没弄清楚是怎么回事，她甚至还没来得及挣扎，就被这个男青年一路拽着，塞进了白色的车里。

男青年以为自己神不知鬼不觉，他关好了车门，绝尘而去。

而这一切，恰好被开车经过这条街的金·海姆加特纳和她6岁的女儿杰姬撞个正着。她们看到了事件的全过程，先是一个小女孩孤零零地一个人走在马路的右侧，然后她们注意到了马路左侧停着一辆看上去很像警车的汽车，但汽车明显没有任何警标。当她们开车经过那辆“警车”的时候，海姆加

▲年轻人劫持了小女孩

特纳从后视镜里看见，刚才走在路上的那个女孩正被从车里走出来的男青年拉着穿过马路。海姆加特纳清晰地看到男青年抓着女孩的胳膊，她甚至还听到了女孩轻微的哭声，小女孩好像被拽疼了，显出一脸苦痛的表情，而那个男青年却低低地呵斥了一声："安静！"

这个男青年毫不留情地将小女孩塞进了白色的"警车"，关上了车门，然后把车开走了。海姆加特纳隐隐觉得这件事不大对劲儿，她把自己的感觉告诉了女儿："亲爱的，我觉得出事了。"

6岁的杰姬是个非常可爱的小女孩，她奶声奶气地问自己的母亲："什么事，妈咪？"

"看到了吗，刚才有个男人带走了那个女孩。对吗？"

杰姬点了点头："我也看到了，妈咪。"她焦急地问，"她没事吧？没受伤吧？"

金·海姆加特纳紧张地想，如果这是一起绑架案，自己可能就是唯一的证人了。刚才的地方路人寥寥无几，只有自己才是小女孩获救仅有的希望。但是，那个男青年究竟是不是绑架者呢？如果他们关系很熟的话，也许是叔叔带走了自己的侄女也未尝可知。并且，就算刚才发生的确实是一起绑架案，自己单枪匹马地追踪犯罪

◀▶金·海姆加特纳看见了绑架的全过程

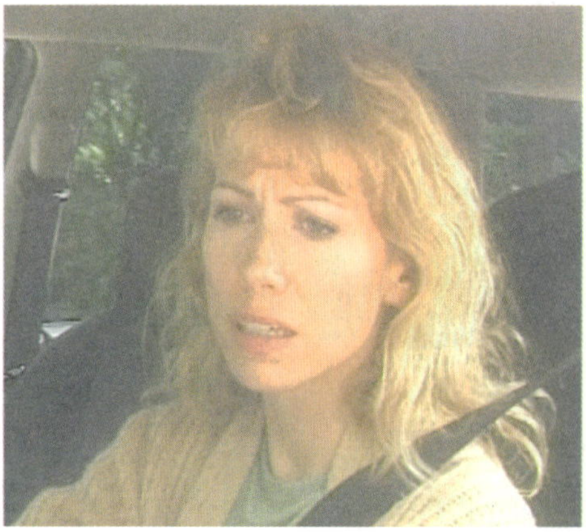

者，似乎太过危险了一点儿。金·海姆加特纳左思右想，终于决定跟踪罪犯上路。虽然这样，她和女儿可能都会有危险。

“我觉得我们应该去看看。”海姆加特纳帮女儿紧了紧安全带。

懂事的女儿点了点头，像自己的妈妈一样露出了一副坚定的表情。

▲金·海姆加特纳跟女儿在犹豫要不要跟踪绑匪

一面开车，海姆加特纳一面思考，刚才看到的那个人看上去很年轻，应该不到30岁，而且看上去一点也不像女孩的爸爸。通常爸爸不会拽着孩子的胳膊，把他们拽进车里的。直觉告诉她一定是哪里出问题了，总是有什么地方不对劲儿。

“也许那个女孩确实遇到了麻烦。”作为一个女人，海姆加特纳本能地有种不祥的预感；作为一个母亲，她更了解父母失去孩子后的痛苦滋味，如果就此放弃，说不定女孩的家人可能永远也见不到她了。想到这儿，海姆加特纳下定了追踪罪犯的决心。

►►► 跟　踪

金·海姆加特纳必须保证自己能够紧紧咬住那辆白汽车，同时又不被罪犯发现。这对她来说太困难了，川流不息的车辆让她眼花缭乱，几次险些跟丢了目标，并且更糟的是，这段危险的跟踪旅程太长了，她已经来到了远离市区的郊外。

▲在市区跟踪绑匪总是受到其他车辆的干扰

金·海姆加特纳看到那辆白色汽车向左急转弯后飞驰而去，她驾车回到十字路口时，那辆汽车已经走远了。她的车停在停车标志牌下，她必须等前面的三辆汽车开过去之后才能离开。

海姆加特纳不得不跟在三辆汽车后面，跟绑匪玩起危险的追踪游戏。

目标忽然在视线里消失，这令海姆加特纳担忧不已。她现在只好沉住气，咬着牙往前开。所幸的是，过了一会儿，她前面的一辆车在住宅街拐弯了，另一辆过了两条街后也转弯离开。她紧紧地跟着最后一辆车，后来那辆车掉转方向，去了垃圾场。现在，那辆白色的汽车又暴露在海姆加特纳的视线里。海姆加特纳长出了一口气，她竭力盯紧它，想要努力看到它的车牌号码，这样她就可以打电话给警方，但是那辆汽车离她太远了。

海姆加特纳努力地绕过一辆辆正在行驶的车，小心翼翼地开到离那辆白车不远的地方。这真是一场惊心动魄的追踪游戏，海姆加特纳觉得自己呼吸都开始变得急促了。车速正在不知不觉地加快，而海姆加特纳更是屏息凝神、眼睛一眨不眨地盯着前方，生怕白色汽车从她的视线里溜走。

这样的追踪保持了一阵子，海姆加特纳不知道白车要开到哪儿去。她必须很快记下车牌号码，不然自己将跟着歹徒越走越远。正在她拼命地伸长脖子盯着白车的屁股时，忽然，一辆卡车从拐弯处横插了进来，挡在了海姆加特纳的前面，这一下她又看不见白色汽车了。海姆加特纳心急如焚，但又无计可施，她只好眼睁睁地看着卡车花了很长时间才转弯离开，而卡车离开之后，那辆白色汽车早已从她的视线里消失了踪迹。

海姆加特纳的心沉了下去。她想，如果这个女孩真是被人绑架了，自己现在可能已经救不了她，之后会发生什么，简直不敢想象，这个假设令她觉得非常害怕。

“那辆车不见了，妈咪，我们还要再追吗？”杰姬忽然说话了。

海姆加特纳定了定神，对着自己的女儿说：“不能放弃，我们要继续寻找那辆汽车。虽然现在妈咪看不见它，可你要帮着妈咪寻找，如果你看见那辆车就马上告诉我，好吗？”

懂事的杰姬点了点头，她用胖胖的小手抓住了母亲的衣袖：“好的，我会的。”

然而，茫茫的街道上，车辆川流不息，一直看不见那辆白色的汽车。谁也不知道它去哪儿了，它就是不见

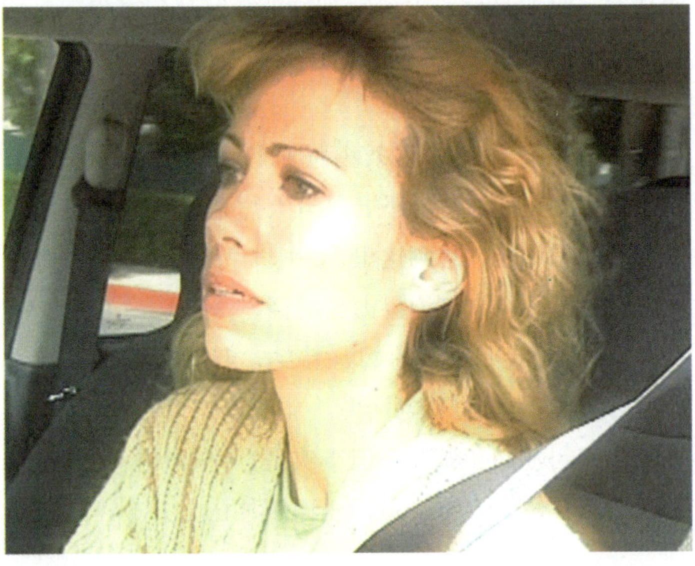

◀其他车辆的干扰导致海姆加特纳跟丢了目标

了，消失了。

海姆加特纳带着女儿，仔细地寻找了每一条她们经过的街道。功夫不负有心人，她终于发现了白色汽车的影子，它正朝山上开去！顾不得那么多了，海姆加特纳一踩油门，朝着通向山顶方向的小路加速开了过去。

▲金·海姆加特纳跟着白车上了荒山

▶▶▶ 报　数

海姆加特纳开着车，继续和歹徒玩着惊心动魄的追踪游戏，这时，她开上了一条小路，那是一个非常荒芜的山坡。海姆加特纳报了警，她向警方详细地汇报了发生的情况并一直跟踪着……

海姆加特纳带着杰姬，继续追踪着那辆白色汽车。这时，她们离开了公路，开上了一条小路。那辆白车时而拐弯，时而直行，令海姆加特纳在它身后觉得惊心动魄。如果一不小心，歹徒就有可能发现她们，这是她绝不想看到的结果。

白色汽车开向的这条小路通向一个被当地人叫做“蛮荒之地”的山坡。那里只有大片荒野，是罪犯偷偷杀人的理想场所。想到这里，海姆加特纳觉得毛骨悚然，她告诉自己必须立刻给警方打电话。

“你好！我叫金·海姆加特纳，我想我可能发现了一起绑架案。”她对着电话说。

警察问她们在哪儿。但事实是，海姆加特纳并不知道这条路具体的名字。她们正向西往山上开车，这条路通向乡下，路上没有什么明显的标志。海姆加特纳开始极力在视线中搜寻，寻找道路标志或者界标。她十分心焦，而一路向前加速行驶的白车更令她心烦意乱。一群绵羊要横穿马路，她不得不停下来，等那群慢悠悠的羊群走过，再发动车子追逐。

▼金·海姆加特纳打电话报警并看到路边的指示标

忽然，就在海姆加特纳停车的时候，她发现路边的一座房子上写有地址。聪明的海姆加特纳立刻知道了她们在什么路上。她继续对着电话说："等等，有个街道标志，叫西尔科特！我看见了一个叫西尔科特的标志。"

电话那边警察刷刷地记录下来，然后继续问她："你能看见车牌号码吗？"

"我……只看见前3个数字。"海姆加特纳老实地说。"但是我正在努力看清车牌。请不要挂上电话，我在努力。"

每当前面的白色汽车放慢速度时，海姆加特纳都会再靠近一点儿，这样她便能看见上面的另一些数字和字母。这个过程就像电影里的警匪片追踪戏一样，但现实远比电影刺激多了，海姆加特纳的心都快要从胸腔里跳出来了。

这时候，海姆加特纳忽然想起自己听话的女儿，于是问："甜心，你能看清楚前边车牌号码的最后3

▲距离太远，金·海姆加特纳无法看清白车的车牌号

个数吗？”

杰姬说：“能看见。”

这太好了！海姆加特纳想，“亲爱的，能告诉我是什么吗？”

“能。”杰姬使劲地盯着前方，“V，3，X。”可爱的杰姬帮了母亲的大忙。

“好的。”海姆加特纳对着话筒激动地说，“我们看见车牌上的最后三个数字和字母了，是V，3，X。”

▶▶▶冒　失

与歹徒周旋的时候，海姆加特纳忽然发现自己已经离城市太远了。万一歹徒有武器，自己和孩子都会非常危险……

这时候，海姆加特纳和杰姬没有发现一个问题，那就是她们的车子距离那辆车非常近，虽然足以看清车牌号码，但是这样也引起了劫匪的怀疑。

▼警察及时接应了金·海姆加特纳的追踪

海姆加特纳察觉到前面白车里的男青年正在通过后视镜看着自己。这时候，一个念头掠过她的脑海。

“万一这个人有枪怎么办？如果他开始开枪怎么办？”海姆加特纳不寒而栗，她开始为女儿担心起来，她不想让孩子遇到危险。她觉得自己可能太冒失了。

所幸的是，海姆加特纳从听筒里听到了她盼望已久的消息。“我接通了你所在的当地警方，你跟他们通话吧。”

“好的，好的。”海姆加特纳忙不迭地答应，接着，话筒里传来了一位女士的声音。海姆加特纳尽量简明扼要地告之了她具体的情况。女士叮嘱海姆加特纳继续盯着那辆车，并承诺立刻出动警力。

果然，过了一小会儿，她的车子旁边便出现了警车，这令海姆加特纳感到如释重负。

到了这时，海姆加特纳已经跟踪绑架者走了 13 千米。之后，当地的一位值班警察接替了她，继续追踪白车。但是海姆加特纳没有就此离去，她在驾驶座上，看着警官拦住那辆白色汽车，让它停到路边。

海姆加特纳谨慎地从车里走出来，站在路边上，她让杰姬留在车里，看着将要发生的一切。

白色汽车打开车门的一刹那，那个之前她们母女看到的小女孩像一只受惊的小鸟一样，从白色汽车里跑出来，迅速地跑向警察的汽车。那一刻，海姆加特纳悬着的心终于放了下来，她看到女孩表情惊恐，脸上挂着泪。这证明了她的猜测没有错，并且，在她的努力下，女孩

◄金·海姆加特纳亲眼见证了小女孩获救

►女儿杰姬露出欣慰的笑容

获救了。海姆加特纳长长地出了一口气，她和女儿杰姬都露出了欣慰的微笑。

▶▶▶ 成就感

经过了13千米让人心惊胆战的紧张追踪之后，海姆加特纳终于看到罪犯落入了法网。

可是躲在汽车里的绑架者却威胁警察说要自杀，和警方僵持了3个小时以后，他最终投降了。警方在搜查汽车时，发现了一些可怕的东西。汽车里面有刀，还有一只装着90发子弹的枪，他有一些胶带，有一次性照相机，还有一捆粗绳。

▲歹徒用自杀来拒捕

▼警方在歹徒车里查获大量作案工具

这个年轻人被判犯有一级绑架罪和使用致命武器的二级袭击罪。他被判处13年监禁。

这次与绑匪玩的追踪游戏令海姆加特纳终身难忘，她提心吊胆地度过了那个惊心动魄的时刻。事后，她为自己和女儿感到自豪，虽然回想当时，自己依然有些心有余悸。“这真的是一场危险的追踪游戏，我当时太冒失了。”她在接受记者采访时，摸着女儿的头说：“幸好警察及时赶来了。上帝保佑，当时我只想到一个问题，就是‘一个母亲失去女儿怎么办’，我知道那种痛苦，我也是一个母亲。那是驱使我掉头追赶的主要原因，我觉得自己做了一件应该做的事。”

如何应对？

危险发生时，你有可能正好经过现场。如果是这样，你就成了事件的目击证人。你需要保护好自己，并及时向警方提供信息。以下常识，你应该了然于胸：

A.如果你在无意中看见了罪犯和正在发生的犯罪事件，你该如何应对？

a. 首先，要保证自己处在安全的状态。比如，海姆加特纳对这起案子的破获起到了重要作用，但是在追踪过程中，她也让自己陷入了危险的境地。试想，如果她被嫌犯发现，嫌犯会怎样对待她？因此，如果你看见了犯罪事件，你一定要谨慎，不能让他对你造成威胁。

b. 一个好的建议是记清罪犯的特征。如果你走在大街上，突然，前面的人击倒了一名妇女，抢走她的钱包。然后他转身，一眨眼的工夫从你身边跑过。此时，你要记住他长什么样子，他是高还是矮，是年老还是年轻，有什么特征或特殊的标记等。这样，你才能够向警方精确地描述嫌疑犯。如果你害怕自己忘记，请将记忆中的细

▼一位女士目击歹徒劫包的全过程

节随手记录下来，以便后来使用，这是抗击犯罪最好的办法之一。

c. 目击凶案时，要把注意力集中在匪徒身上，而不是集中在受害者身上。多数人会同情地看着受害者。但是，作为一个目击证人，研究罪犯才是主要的。首先寻找“永久性特征”，包括性别、年龄、身高、体重和体格等。FBI 素描画家认为，最需要注意的特征是体形，肌理和肤色。记住罪犯的头发、前额、眼睛、鼻子、面颊、耳朵、嘴巴和面色。这非常重要。FBI 素描画家接受过根据记忆画出人物的训练，听了你的描述，他可以立刻画得八九不离十，效果非常惊人。

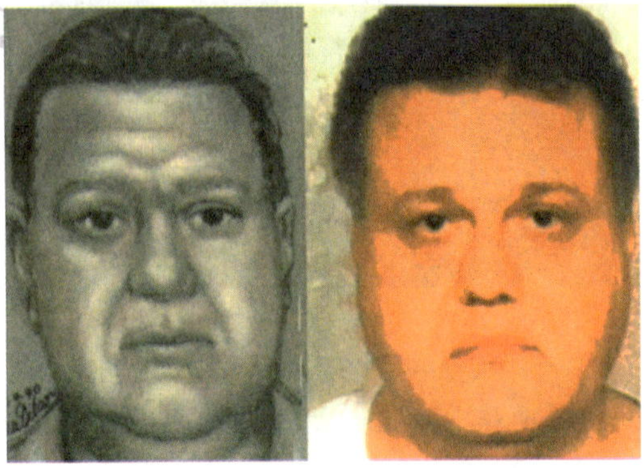

▲目击证人向警方表述的正确特征可以绘制出与真人十分相似的罪犯头像

d. 不要妄想单枪匹马与歹徒搏斗。想保全自己，立刻报警是最好的方案，逞一时之勇并不可取，莽汉见义勇为不如明哲保身。

B.如果你遇到像文中发生的情况，需要开车追踪前面的汽车，在追踪过程中，你需要注意些什么？

a. 一般来说，对车辆的跟踪最好由两人或两人以上组成的小组来实施。就像海姆加特纳和女儿杰姬一样，一人负责开车，另一人负责观察或在目标下车后实施徒步跟踪。追踪时首先应该对此区域及相关地区的地形、路况、交通规则与车流规律有一定了解。此外，你们互相之间必须熟悉对方的思维风格，并且共同掌握一套简洁的交流方式。

b. 车辆跟踪是一个非常复杂、很容易发生脱梢的过程。即便被跟踪的目标并未发现有人跟踪他，你也会往往因某些状况（如高速行驶、多次变道、红绿灯间隔、道路拥挤）

而导致脱梢。你需要谨记，既不能太过紧贴，也不能太过放松。在道路拥挤、前方出现红灯及拐弯处，一定要注意目光紧跟目标车辆。

c. 一旦能够看到车牌号码之后，你最好立刻掉转方向，往人多的大道上走。立刻拨打报警电话，并告诉他们你最后跟踪的地方在哪儿。注意留心身边的路标和方向牌。

C.如果你或者你的亲人不幸遭遇绑架，应该如何逃生?

a. 如果你已经遭遇绑架，那么请保持沉着冷静。如果对方持有利器，你需要先设法与之攀谈，让他放下武器。切记不可慌乱，要在冷静中见机行事，甚至可以尝试跟绑匪谈判。这一点的空间比较大，可能在谈判中得到匪徒的个人信息，便于日后指认。也可尝试在这过程中反客为主，使匪徒对其错误行为有所认识，化险为夷。不要徒劳地哭叫、挣扎，这只会招致更多的身体伤害。如果歹徒要捆绑你，一定要把肌肉绷紧，这样他一走，就比较容易把结打开。

b. 要保持良好的心理状态，如果有条件的话，趁歹徒不在时，强迫自己多进食、饮水，保证身体有足够的水分和营养。设法放松心情，以积极向上的态度承受发生的一切。一旦被绑，就应该凡事顺从，采取低姿态，以降低绑匪的戒心。在歹徒面前，一定表现出奄奄一息、惊恐胆寒的样子，让歹徒放松对你的警惕，以便逃跑。

c. 当歹徒让你与亲人通话时，尽量争取和拖延与亲人的通话时间，将信息巧妙透露给亲人。

d. 牢牢记住罪犯的体貌特征、年龄、人数、口音等，一旦获救，这些都可以成为公安机关破案的关键信息。尽可能观察地址、行车路线等相关情况，以便有机会逃脱现场。

e. 如果遇到身边亲人朋友遭到绑架，你一定要在第一时间报警，切忌单独与绑匪联系和接触，要相信警察并竭力配合警察的行动。

恐怖如影随形

引言

有人不停地给你寄去骚扰信件，并三番五次地打电话给你。你受到监视，被人跟踪，甚至被人威胁……你该如何应对？

身为精神病医师的多琳，自从接待了一名有自杀倾向的病人弗兰之后，就没有过上一天平静的日子。这名病人不断地通过各种手段骚扰她，像恶魔一样如影随形地跟着她。挥之不去的恐怖让多琳心力交瘁……

▶▶▶出　院

多琳接诊了一名患有自杀倾向的女病人弗兰，在她的悉心引导下，弗兰逐渐恢复，但她似乎对多琳产生了太多的依恋……

多琳在美国图森市的一家医院工作，她是一名著名的精神病医师。她已经在这家医院工作了5个年头，医术精良、态度温和的她曾被众多康复病人以及他们的家属交口称赞。她一向十分怜悯精神病患者，能够治愈他们，对多琳来说，是一件引以为豪的事情。

这天，医院送来了一名有自杀倾向的病人，为了尊重个人隐私权，他们把她称为“弗兰”。这名女病人看上去还很年轻，但是脸色苍白。坐在多琳的诊室里，她显得双目呆滞。

“嗨，弗兰，今天感觉好些了吗？”多琳很轻松地跟她打招呼。她微笑着，试图与弗兰拉近距离。

“嗨。”弗兰只是答了腔，“我……嗯……”她像是有严重的交谈障碍，她的眼睛透露着一丝防备和惊恐，这些都是多琳司空见惯的，她懂得怎样平复他们受伤的心。

“弗兰。”多琳微笑着靠过来坐在她身边，用鼓励的口吻说，“如果他们都说你病了，那是他们的不对。你不是病了，你只是在一个地方困住了，你不敢再往前走。”

多琳看到弗兰的眼睛似乎亮了一点。她温和地继续说：“相信我，只要你鼓起勇气，再试着往前走一步，你就会发现，一切都重新开始了，其实他们都在等你而已，等着你对自己说：‘开始。’”她拍了拍弗兰的肩膀，“真的，没有什么大不了的事。”

多琳明显感觉到弗兰的希望被点燃了。经过几周的治疗，弗兰似乎恢复了一些，她愿意主动与人交谈了，并且思维十分清楚。这正像多琳想的那样，她觉得弗兰可以出院了。

“很好，你今天气色不错。嗯，如果没什么大碍的话，你很快就可以出院了，回去可要好好保重身体。”多琳对弗兰进行了一次常规诊断，然后语气轻快地对弗兰说。她觉得弗兰应该很高兴，因为病人听到医生断定自己已

◀▶ 多琳给弗兰做了常规检查并高兴地告诉她很快就可以痊愈出院了

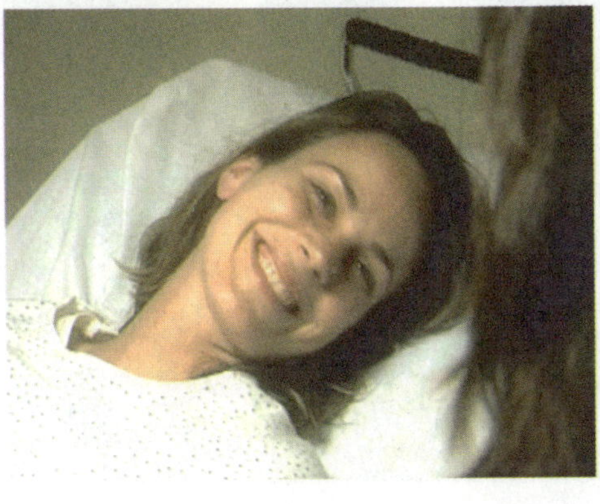

经康复，并且能够正常生活的时候，通常都会喜不自胜，因为他们对自己缺乏自信和自我评判能力，所以十分相信医生所说的话。

然而弗兰似乎并不十分兴奋，她依依不舍地看着多琳。“我以后还是否能见到你？”弗兰问多琳，她的眼光里似乎有些十分固执的东西，就像一个试图抓住心爱玩具的婴儿。

多琳把手放在她肩膀上说：“亲爱的弗兰，两周后，你就可以接触任何你想接触的人了。这是多么好的事情，世界是那么宽广，我会和其他医生一起站在你身后，永远鼓励你。”

而弗兰似乎在想着心事。

多琳没有多想，两周后，医院派她去负责其他病人，她听说弗兰已经出院了。

多琳以为自己不会再见到她了，但是事情没那么简单。

▶多琳透过玻璃橱窗欣慰地看着康复中的弗兰

▶▶▶ 骚　扰

弗兰病情忽然恶化，她依旧待在医院里，但她似乎对多琳产生了强烈的依恋。这种病态的感情令她不断地骚扰多琳，令多琳不胜其烦。

就在弗兰即将出院的时候，医院发现她的病情似乎又恶化了。她或者长时间一言不发，或者歇斯底里地哭泣，令负责接她出院的家人束手无策。医院只好让她继续接受其他医师的治疗。

一天，多琳在楼下碰到了弗兰。弗兰莫名其妙地冲着多琳微笑，那种笑容在多琳看来绝对是不正常的。多琳觉得很蹊跷，接着，她就发现了更加令她头痛的事。

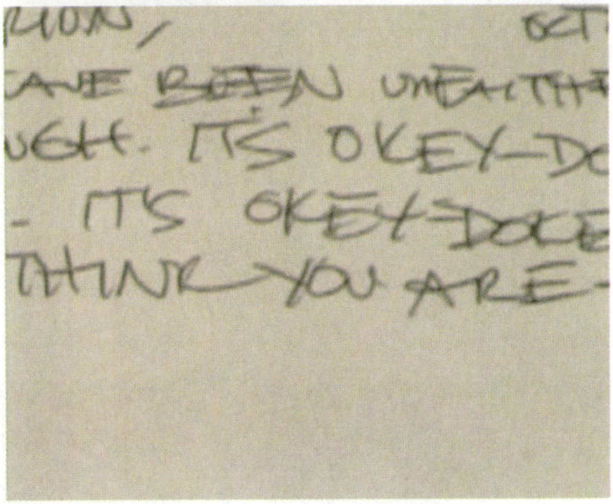

▼多琳接连不断地收到弗兰的恐吓信

多琳的办公桌上留着一张便条，上面是弗兰的笔迹："亲爱的多琳，经过了这么久，我知道你一定有特殊的感觉，就像我对你一样。我们之间建立了深厚的感情，我不想就这样中止，我相信你也一样。"

弗兰还留下了电话号码，并说："如果你不回电话，我也能够理解。因为你的性格很羞涩，我了解你。就算你想我，你也会放在心里。"

弗兰的自作多情令多琳哭笑不得，她觉得是不是应该找弗兰谈一谈？她接着看下去的这一句让她皱起了眉头："亲爱的多琳，我深深理解你的苦衷。虽然你已经与蒂莫西·贾斯蒂斯医生订婚了，但我们的心连在一起。所以你也许不会给我打电话，但你一定很想念我，就像我想念你一样。"

这就令多琳感到忧心了，她疑惑弗兰怎么会知道这些，因为她从没向弗兰透露过自己的私人信息。但弗兰既然说了，不回电话她也能理解，所以多琳就没有多想下去，以为事情会不了了之。

然而，事态却变得越发严重起来。弗兰开始不断地给多琳打电话。

"嘿，多琳，你真的不愿意给我打电话吗？我很想念你。"弗兰的声音很奇怪，令多琳觉得浑身泛起鸡皮疙瘩。

"多琳，你听着，我们一定会在一起。无论你如何隐瞒自己的想念，你也瞒不过我。我们天生就应该在一起。"

"不要离开我，多琳。我不能没有你。"

诸如此类的电话接连不断，起初，多琳都是软语相劝，后来她变得忧心忡忡。因为弗兰甚至告诉多琳说她们应该共同拥有一个孩子。这对于还没有结婚的多琳来说似乎太严重了一些。

▼多琳总是接到弗兰的电话骚扰

后来，电话多得令多琳心烦意乱，最后，多琳索性不再接听电话。

可是接下来的几天，她又开始收到一些奇怪的信件。信里面一遍遍地写道："偷偷跟踪你是件

◀▶ 多琳被弗兰跟踪得有点神经衰弱

有趣的事情，偷偷跟踪你是件有趣的事情。”没有署名，就像一个魔鬼开的玩笑一样。多琳开始觉得不寒而栗，这件事情似乎比她想象得还要严重。

几天之后，多琳又收到了一张卡片，外面用红色的马克笔写着“如果你不马上回到我身边”，里面写的是“那我就会主动去找你”。那笔迹就像是一个顽皮的儿童信手画下的涂鸦。

多琳觉得自己正行走在恐怖的边缘，她决定找到弗兰，跟她好好地谈一谈。

▶▶▶ 前　科

弗兰对多琳的骚扰开始上升到另一个程度。她默默地跟踪多琳，并不厌其烦地给她寄去匿名的信件和卡片，多琳开始觉得恐惧……

两周之后的一天，多琳正要下班，她走向医院的停车场，却觉得有些异样，像是背后有人跟踪着她。多琳猛然回头，看到了弗兰站在她身后不远的地方。

多琳定了定神，挥手向弗兰打招呼：“嗨！你好啊，弗兰。”

▲弗兰在医院停车场骚扰多琳

“嗨！”弗兰犹豫着，也向多琳打了招呼，“你好吗？”她尽量装作若无其事地问。

“是的。”多琳说，“不过我要去上班了。”气氛十分尴尬，多琳想尽快离开那儿，因为周围没有一个人，她开始感到害怕，因为从弗兰的表情中，身为一个医生的她意识到弗兰的病症似乎又加重了。

可弗兰并不想让多琳就此离去。她挡在她前面，问她：“你不回电话，我就不知道该怎么办，你明白吗？”

多琳一步步向后倒退，她有些惊慌失措了：“是的，可我一直很忙。这几天病房事情很多，你知道的。”

弗兰若有所思地想了一会儿，点点头说：“对，对……多琳，你要好好照顾你自己。”

多琳赶忙答应，她躲开弗兰，打开了车锁。“嗯，看你气色不错，我也很高兴。”她开了车门，“祝你愉快，我下班了。”

“给我回电话，我就不用老打给你了，好吗？”弗兰恳求，她的表情看上去十分异常，非常病态。

▼多琳给博登医生打电话询问弗兰的病史

“好的。”多琳满口答应，她立刻从车里上了车锁，隔着玻璃和弗兰招手说再见。直到看着弗兰的背影渐渐消失，她才立刻从车里跑了出来。

多琳迅速跑回办公室，给负责治疗弗兰的医生打了一个电话。她声音急促，像受到了强烈的惊吓：“你好，博登医生，我是多琳。我想和你谈谈关于弗兰的事情，嗯，她刚才在停车场上拦住了我……”

从博登医生那里，多琳了解到，弗兰曾经跟踪过其他女性，并有过暴力攻击行为。这时她才明白，原来弗兰是一个有前科的病人，之前她对自己的骚扰行为，自己都太大意了。

博登医生建议多琳行事小心，如果弗兰对她的骚扰行为再次发生，她必须采取措施。

►►► 搬　家

多琳被如影随形的恐怖吓得寝食难安，她觉得自己快要神经衰弱了。愤怒的她不断地投诉警察，终于将弗兰告上了法庭。法院判决了弗兰，多琳和丈夫也最终决定搬家。

通过交谈，多琳了解到，博登医生治疗弗兰已有好几年时间。他知道弗兰曾对五六个女人产生过这种病态的依恋，而且对方都是职业女性。但是，她们在遭受和多琳同样的情况之后，其中一些人忍受不了这样的骚扰，便向警方申请了禁止令。但这令弗兰的行为开始变得异常暴烈，甚至做出一些暴力的事情：她曾在一名妇女的车上跳上跳下，还有一次，她甚至用双手掐住了别人的脖子。

博登医生不知道这次弗兰会不会故伎重施，但是为了多琳的安全，他建议多琳还是申请禁止令。多琳担心这样做会使情况变得更糟，但她还是同意了博登医生的意见。

最终，事情发展到了让她别无选择的地步。几个小时之后，弗兰就违反了禁止令，试图打电话找到多琳。

▲弗兰对不能给多琳打电话一事非常恼火

“嗨，嗯，我能和多琳谈一会儿吗？可以吗？我是弗兰。对，弗兰，特里·弗兰。”

接线员告诉她这是被禁止的，她不能和多琳接触，而弗兰非常不甘心。

“嗯，你能告诉她我有紧急的事情找她吗？她也在等我的电话。”

接线员表示无能为力做到此事，这惹怒了弗兰，她的言辞开始变得激烈，并且谎话连篇。

“是多琳要我八点钟给她打电话，现在已经八点了，她说她会等我的，可是她却不见了！我不知道该怎么办。因为……”

多琳要求接线员挂掉电话，她实在听不下去了。

弗兰在电话那头急促地说：“不要，不！请不要挂断电话，不要！”她完全不理会接线员的建议，只是敷衍她，“嗯，嗯，你能再接一下她的分机吗？求求你！”

多琳不能再忍受下去了，她不知道这个病人还会做出怎样的事情。她开始觉得担惊受怕，婚期就要到了，却有一个精神病女人声称她们是情侣，相互爱慕，这太不像话了。

多琳随即报告了警方。他们给了弗兰一张传票，但在后来的几个月里，弗兰却一直在违反禁止令，不断地对多琳进行各种各样的骚扰。

但是，弗兰进行的骚扰多是精神恐吓和纠缠，她如影随形地黏着多琳，给她电话、邮件或者尾随她，这令警方无可奈何，除非多琳遭遇实际的人身伤害，否则警察不能把弗兰关押起来。

之后，多琳接到了一个更坏的消息，弗兰搬到了离她只有3千米远的地方。

这段时间多琳度日如年。一次，弗兰一直跟踪到多琳家门口。多琳好不容易甩脱了她，没有让她走进屋子，惊魂未定的多琳躲在房间里瑟瑟发抖。

然而这还不算最坏的，过了几天，多琳发现弗兰开始把卡片和信件直接贴在自己家的厨房窗户上！她下班回来，看见一张巨大的字条，上面写着“给我打电话，否则……”旁边画着一个骷髅。这张纸条正赫然贴在她家的大门上。

▲多琳在家里的橱窗上看到弗兰的恐吓信

那天，多琳整夜睡不好，做了一夜的噩梦。有时候，弗兰兴起的话，这种贴纸条的情况通常会持续好几个星期。多琳感觉自己开始精神衰弱，必须主动采取防御。她反复给警察打电话，报告弗兰违反了禁止令。终于，她的投诉引起了一位警官的注意，他明白这种书面传讯常常是没有用处的。随后，弗兰被警方关押，法院举行了听证会。

▼弗兰对多琳歇斯底里地怒吼

在法院里，多琳和她刚刚举行完婚礼的丈夫一起出席。法官判决结束，多琳听到背后有人撕心裂肺地呼喊自己的名字：“多琳！”她感到背后突然一阵骚动，于是转过头来，看到弗兰正在激烈地挣扎。弗兰戴着手铐，但仍然歇斯底里地想朝这边跑来。

“看着我！我恨你！我恨你！”弗兰嘴唇发青，整张失去血色的脸就像一张白纸。多琳吓得面如土色，那时弗兰给她的感觉，就像一个挥之不去的幽灵。

法庭判决弗兰去往其他州的一家精神病医院接受6个月的监禁。在这期间，多琳和丈夫商量之后，毅然决定离开美国亚利桑那州，搬到了科罗拉多州。

她以为自己终于摆脱了弗兰。

▸▸▸重　罪

多琳在科罗拉多州过了10个月的平静生活，她和丈夫生活得十分幸福。令她没有想到的是，噩梦还是没有结束，她还是没有甩掉弗兰！

弗兰被释放后还不到10个月，便又故伎重施。她往多琳所在的科罗拉多州的办公室打了电话，并让多琳给她回电话。更糟的是，她居然又跟随多琳搬到了丹佛，这让多琳简直快疯了。

多琳开始四处奔走，希望能说服政府修改法律。她认为一位跟踪者不必在直接威胁到对方之后才能被判决犯有跟踪罪，这是法律的一大进步，跟踪罪同样也是一种重罪。因为受害人的心理严重受到伤害，这种伤害是不可估量的。

“我们不能允许犯罪者逍遥法外。”多琳说。终于，她的努力得到了法律的认可，弗兰被判处一年监禁。在刑期结束之后，又在另一个州接受监督缓刑。

法院判处弗兰如果在4年之内再回到科罗拉多州，或者以任何方式与多琳联系，那么她会得到最重的判决——在州监狱服役12年，并被处以50万美元的罚款。

如何应对?

在美国，每年都有 100 多万妇女被人跟踪，占全美女性人口的 1/12。试想，如果你在废弃的停车场面对面地遭遇跟踪者，那将是多么恐怖！那时你该怎么办？你必须记住以下的知识：

A.如果碰到尾随在你身后的跟踪者，你该如何应对？

a. 跟踪者分为三种皆然不同的类型，每一类的目的都不相同，行为也有较大差异，但都极其危险。避开跟踪者，需要你区别他们的行动特点。“鬼迷心窍”型的跟踪者最为常见，他们跟踪某个认识的人，比如前女友，或者某个拒绝他们的人。而且，他们中有 80% 的人会攻击以前的情人。第二种类型就是“为爱痴狂”的跟踪者，他们认为自己爱上了一个陌生人，并希望能有进一步的接触。这类跟踪者常常瞄上名人，但有时也会毫无来由地选择人群中的你，并认为自己非常爱你。最后一类就是被心理学家称为“色情狂”的跟踪者，弗兰就属于这种类型。色情狂患者最为危险，他们相信自己爱上了一个陌生人，陌生人也爱上了自己，于是常常会纠缠受害者长达几年时间。有一位极端的色情狂患者在对方房子下面挖了条隧道，直通浴室。然后又在浴室地板上钻了一个小孔，偷看对

▼色情狂钻开墙壁偷窥女性洗浴

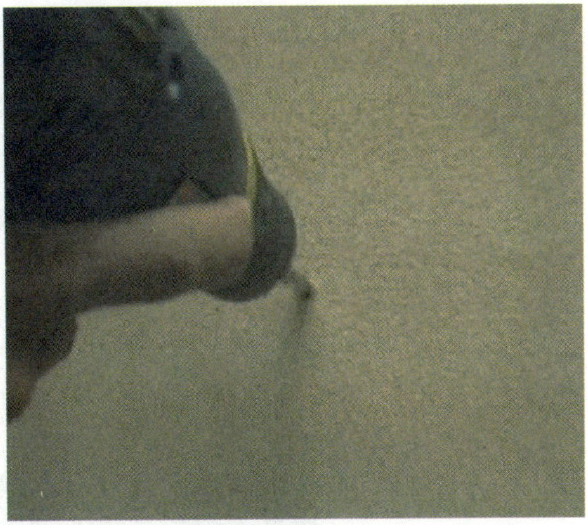

方洗澡。最终，他被依法逮捕，入狱一年。

b. 有 90% 以上的跟踪者都可能患有精神疾病，也许还是在充满暴力，或是情感冷漠的家庭中长大，不会与人交往，也听不进任何道理。如果你遇到这种人，千万不要像文中的多琳一样软弱，对他们动之以情、晓之以理是没有任何意义的，这只会让他们变本加厉。你需要携带随身武器，并随时搜集证据，当你实在无法忍受之时立刻报警。

c. 如果在路上遇到跟踪者，立刻走上一条人流汹涌的大路，甩掉陌生人。如果此人不止一次地跟踪你，找人同行，并让周围的人注意，找到机会，立刻求救。

d. 如果跟踪者对你提出什么要求，注意察言观色，不要因为厌恶而言语过激，以免惹怒对方，招致祸患。

e. 千万不要透露家庭住址，如果此时你正准备回家，请更改方向，往人多的公共场合去，并找机会打电话报警。

B.如果遇到患有精神问题的人长期骚扰，你该如何应对?

a. 首先，你需要知道，最好的方法就是置之不理。古话说“一个巴掌拍不响”。如果你对骚扰置之不理，病人会因为无趣而转移目标。他们通常最早开始进行的骚扰方式都是通过信件、短信、电话等等的试探，这时候，你便可

▶及时记录下嫌疑人的体貌特征

以利用一切设备、设置对骚扰信息进行处理，比如手机里的黑名单，邮件的垃圾过滤系统等。千万不要因为生气而一时冲动，同他们发生冲突，要知道，这才是他们的目的。你被弄得越烦躁，越无法自拔，他们就越开心。所以一定要对他们置之不理。

b. 如果事态越来越严重，收集他对你进行人身攻击的证据，一封信或一个电话都可以作为指控证据，你可以随时提出控告，只要证据足够。

c. 如果跟踪者还不放弃，那么告诉朋友和家人不要将你的行踪和其他私人信息告诉跟踪者。保留对方的信件、录下通话信息、拍下照片或是录像，以作为日后指控的证据。你还可以请律师写一份正式的勒令停止通知函，如果无效，再报告警察并申请一份禁止令。在美国西雅图，一名妇女被跟踪者纠缠了一年时间，到后来还面临被侵犯的危险。警方埋伏在妇女家中，亲眼见证了跟踪者的恶行，将其逮捕归案。

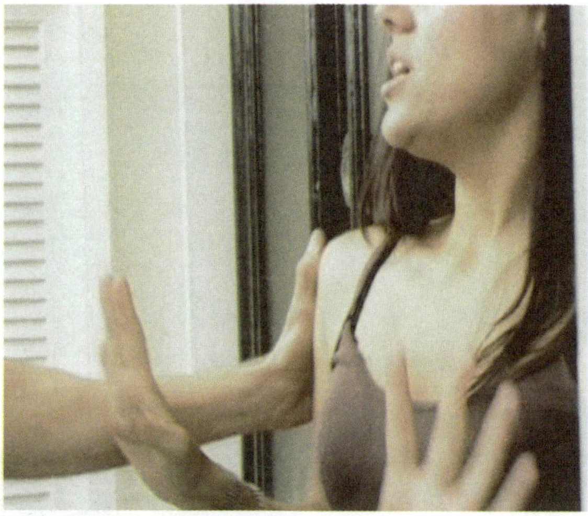

▲女性要坚决拒绝陌生人的骚扰

d. 精神分裂患者一般会表现出一种通病：对事物不会长久地保持一个想法。如果有人试图挤进你的生活，告诉他们“放弃吧”，或是勇敢地对他们说“不”。他们通常渴望引起关注，并且以为你和他们想的一样。如果你果断地告诉他们“事实不是这样”或者压根不理睬他们，这些人通常会主动放弃。

C.如何甄别骚扰你的人是否确实患有精神分裂症状或者其他心理疾病？

a. 首先，精神分裂症最明显的表现是狂躁不安、偏执和抑郁，并且不能控制自己的行为。他们通常情绪焦虑、敏感多疑、紧迫急躁、思维紊乱、胡言乱语，在行为举止上，他们容易言辞激烈，乱摔东西或者冲动伤人。如果你身边有人频繁地表现出上述特点，请你避而远之。

b.精神分裂症患者最可能出现一种毫无根据的错误想法，并且十分固执地相信这个想法。比如他会像弗兰一样，坚信多琳喜欢她。精神分裂症患者无缘无故地怀疑有人要加害于他，坚信配偶有外遇，或幻听到有人议论他，指责他，威胁他等等。

▶向警方表述歹徒特征时要准确

你知道吗？

旅馆的哪些房间最危险？

你知道在你居住的旅馆里某些房间会相对更危险吗？

引言

你正带着孩子去你家附近的商场里购物，此时，你身边的一个男人忽然掏出了一把匕首！你意识到站在你面前的，可能是一个失去理智的杀手，而此时，你的孩子和你并不在一起。你该如何应对？

玛丽带着侄女和女儿准备去一家玩具店拍圣诞照片，三个人高高兴兴地走进了商场里熙熙攘攘的人群中。忽然之间，一个持刀的男人瞪着血红的双眼，摆出了一副要与众人同归于尽的架势。玛丽吓傻了，而这时，她的女儿不在自己的身边，女儿随时可能遭受歹徒的袭击，玛丽该怎么办，才能救出自己的孩子？

购物也惊险

▶▶▶ 分　开

琳琅满目的商品吸引了她们的注意，所有人都沉浸在一片欢乐的气氛中。不久，店员告诉玛丽，她们需要排队等候，玛丽决定三个人分开行动，自己先去给女儿选择礼物……

玛丽是美国宾夕法尼亚州哥伦布的一位普通母亲，她的女儿朱迪是一个非常可爱的小姑娘，朱迪喜欢逛玩具店，喜欢玩芭比娃娃。玛丽非常爱自己的女儿，于是她经常带着孩子去逛附近商场里的玩具店，让孩子挑一个最美丽的娃娃。

▼玛丽带着侄女和女儿一起逛商场

这天是十月份一个普通的上午，玛丽带着女儿朱迪和侄女凯瑞去往一家玩具店，她们还准备在商场的照相馆里拍一

些圣诞照片，因为圣诞节就要到了。商场里被布置得金碧辉煌，各种店面都争先恐后地挂出了五彩缤纷的打折挂牌，用漂亮的装饰品和新一季的时尚服饰吸引着路人的眼球。一切的一切都为了迎合节日的气氛。今天恰好又是周末，商场里人满为患，熙熙攘攘的人群挤得玛丽透不过气，但这种热烈的气氛却感染了她，使她不至于太过烦躁。

玛丽握紧女儿柔软的小手，大声地说："跟紧妈妈，不要走丢了！"

"我知道，妈咪，这里人可真多！"

"打扰了……"玛丽带着女儿从比肩接踵的人群中穿过，小小的朱迪被撞得一个趔趄。凯瑞赶快扶住她。

"没事吧，宝贝？"凯瑞问。

小朱迪点了点头，她笑起来就像一个小天使："妈妈，我想喝饮料。"

16 岁的凯瑞非常懂事，她对着玛丽说："我们在这里等你，放心吧。"

玛丽把她们安排在购物通道附近的休息坐椅上，自己只身挤进了人群。正在寻觅饮料摊的时候，一位女士从背后拍了拍她。

"嗨，最近怎么样？玛丽转头，看到了自己的同事巴巴拉，她热情地说："很好，好久不见！"

"刚才那是你的女儿吗？长得真可爱。"巴巴拉同玛丽说，"我正准备去瞧瞧我最喜欢的那几只牌子，看看有没有什么大减价。你呢？"

"我带孩子们去照相，你知道，圣诞节要到了，而且她还要买一个芭比娃娃。"

"有孩子真好。"巴巴拉无限艳羡地看着她，"我尝试了好几年，一直没有成功。我特别喜欢看童装，觉得

◀▶玛丽与孩子分开后独自去购物并准备结账

很精致。”

“你会有的，相信我，也许就是明天。”玛丽鼓励她。

“哦，但愿是的，谢谢你，玛丽！”巴巴拉非常开心，她们互相拥抱了彼此，然后在人群中分手，正巧，玛丽看到不远处的饮料店，她拿着三瓶汽水回来。

两个孩子乖乖地坐在椅子上等她，她们休息了一下就又出发了。终于，玛丽三个人到达了购物中心的照相馆。可是照相馆外排起了长龙，店员告诉玛丽：“您需要再等 45 分钟左右。”

“还是刚才的方案吧，我来排队！”凯瑞笑着说，“玛丽阿姨，你可以带着朱迪去看看玩具店的娃娃，我在这里排队就行。”

“不行，我要和姐姐待在一起。”朱迪摇了摇头，“妈妈，你帮我买玩具吧，我要和姐姐一起排队。”

玛丽迟疑了一下便答应了。这样也好，排队的地方很安全，自己可以尽量快去快回。于是玛丽摸了摸凯瑞的头：“你们都非常懂事，等着我，我立刻就回来。”

玛丽钻进了汹涌的人潮，向玩具店的方向走去。她推了购物车，想顺便带些别的东西回来。

▶▶▶ 杀人狂

一个持刀歹徒出现在玛丽的面前，他就像魔鬼一样凶神恶煞，而他的脚边躺着不断呻吟的伤者。玛丽吓傻了，她忽然意识到自己的孩子不在身边……

玛丽很快在玩具店找到了朱迪想要的那种玩具，她开心地把它们放在购物车里。顺便她又去了一趟玩具店旁边的超级市场，买了一些日常用品。购物车很快就满了，可能是玛丽非常开心的缘故，她又买了很多东西。

之后她把车推到了收银台，那里的队伍也排了很长，玛丽决定结完账立刻赶回去，以免耽误了事情，也省得让凯瑞和朱迪担心。

终于轮到了玛丽结账，女服务员帮助她一样样地取出货品，装入口袋，并请她出示会员卡……当玛丽刚把玩具从购物车里拿出来时，她听到身后“砰”的一声巨响！

“滚开！”一个男人发出穷凶极恶的吼声，就像一头野兽发出的咆哮。“该死，我就是一个杀人狂，既然人人都这么说，所以别怪我无情了！这怨不得我！”

▼玛丽听见人群中有异响

玛丽看到离自己不远的地方，一个男人正不断地大吼，声音恐怖极了。人群纷纷向四下逃开，因为他的手中正攥着一把尖刀！那些逃得慢的人，被他用刀逼着不断地后退。

“哦，我的天哪！”人群里发出尖利的呼叫。

“是你们逼的！你们逼的！”男人一面吼叫一面挥舞尖刀，人群陷入一片混乱，尖叫声和哭喊声乱作一团。

“滚开！不要！不！”不知是谁发出了凄厉的呼救。玛丽这才留意到，血迹斑斑的地上，躺着一个受了刀伤、流血不止的男子。他正在不断地发出呻吟，试图爬往安全的地方。他颤颤巍巍地伸出了手向人求救，他的手上竟是鲜血淋漓的。

这惨烈的场景把每个人都吓住了，甚至没人敢冲上前去帮忙。这个伤者仅仅爬了几步，就被歹徒发现了。

▲玛丽看见一个女孩被歹徒逼迫着

歹徒大步急速地走到这个可怜的男人身边，对着大家说：“看到了吗？你们都将和他同样的下场！”他不由分说，对着这个男人的身体又是几刀！

人群中发出了崩溃的尖叫！那个血肉横飞的场景真是惨不忍睹，眼看受害者已经奄奄一息了，男子对着他发出恐吓：“我要把你的头砍下来，让你看到真相！”他眼神阴沉，就像一条眼镜蛇，嘶嘶地吐出血红的信子。“你们每个人都跑不了，无论是孩子，还是老头子……”歹徒像是已经失去了理智，他对着所有人不断地大喊：“我要让你们流血，让你们看到真相！”

这时候，一个毫不知情的姑娘推着一辆空车从旁边走了过去。杀红了眼的歹徒忽然一个箭步冲上前去，将她硬生生地拽住了。那个女孩吓呆了，尤其是当她看到了歹徒手中明晃晃的刀子，突如其来的恐吓令她肝胆俱裂，哪还有什么力气闪躲。

所有的人眼睁睁地看着这个可怜的姑娘被歹徒使劲地拽着，从5米开外的地方一路拽到了伤者旁边。歹徒似乎要把这个地方当做他的屠宰场。歹徒的力气大得惊人，姑娘拖着的那辆空车子在地面使劲摩擦，车轮根本没有滚动，那种刺耳的噪声令在场的每个人心惊胆寒。

那个姑娘的眼睛睁得大大的，她的脸像是一下子失去了血色，她只是说："不，求求你，不要。"她显然被吓坏了。

而歹徒毫不怜惜，他嘿嘿地狞笑着，用刀子在那个姑娘脸上晃来晃去。"我就是杀人凶手！"他甚至得意洋洋地摆出了一副不由分说、蛮不讲理的架势。"今天，你们都将成为我的刀下鬼！你们应该感到荣幸！"

伤员躺在血泊之中，已经不知是死是活。正在被威胁的柔弱女孩流下恐惧的泪水，歹徒手中冰冷的刀子上沾满了受害人的鲜血，丧心病狂的犯罪者还在发表狂妄的演说……

光天化日之下，这一幕幕惨状令在场的所有人都望而生畏！谁也不愿意再多看一眼这样的人间惨剧，没有人愿意再站出来。人群陷入了一片沉默，所有的人都畏惧了，甚至有人开始从人群里偷偷地溜走。

►►► 猛　撞

玛丽不断地想着："孩子，我的孩子，我必须找到我的女儿，让她知道我没事。"她本能地激起了一股斗志，她决心同歹徒进行殊死搏斗……

▲玛丽与失去理智的歹徒正面交锋

就在男人拿着刀子一步步逼近那个姑娘的时候，她忽然跳了起来，像离弦的箭一样窜到了呆呆的玛丽背后，站在两道弹簧门之间，瑟瑟地发着抖。没想到这个女孩在关键的时候还具有这样的勇气和智慧，大家不禁都松了一口气，但是，这突如其来的变故让玛丽大惊失色，她抬头一看，发现现在的情况是：只有她一个人和那个歹徒面对面站着。

“不，不！”她在心中默默地念叨，“天啊，怎么会发生这样的事情！”

玛丽看着歹徒慢慢地向她走了过来。他的眼睛闪着异样的光，他的瞳孔开始张大，这样他整张脸都显得十分狰狞，他看上去就像是发了疯的野兽。歹徒握着刀，一步一步地向玛丽走近，明亮的刀光就在玛丽眼前晃动，下一秒也许它就会刺穿玛丽的身体……

玛丽面无人色，她觉得自己死定了。她静静地站在歹徒的对面，无数个念头从她脑海里一闪而过。在某一个瞬间，她觉得很好笑。为什么阴差阳错，为什么死神偏偏选中了她，如果她死了，那么，谁来照顾她的女儿？

小朱迪可爱的笑脸忽然浮现在她的面前！“哦，

不！”玛丽立刻回过神来，“我的女儿在哪里？离开了我，她该怎么办？”玛丽急了！她突然觉得自己无论如何要从这里走出去，因为她的女儿不在身边！“我还要照顾我的女儿，我不能就这样放弃。”玛丽暗想。

“我必须找到我的女儿。”玛丽下定了决心，就在那一秒钟之内，她决定用自己的力量阻止这个疯子继续伤害自己和别人。

▼玛丽急中生智用购物车猛撞歹徒

歹徒一步步地走了过来，就像贪婪的野狼闻到了一股血腥，他的眼中泛着异样的光芒，他举起了刀……

就在电光火石之间，玛丽意识到自己手上还有一辆满载货品的购物车！不知从哪里迸发出来的勇气，令玛丽大喊一声：“你这个坏蛋！”说时迟那时快，就在歹徒离她不到一米的距离时，玛丽猛地把自己手上所有的东西都推向他，并用力把购物车向歹徒猛撞过去！

那辆购物车结结实实地撞在歹徒身上。一股大力令歹徒无法控制地向后跌倒，手里的刀也跟着飞了出去。

◀玛丽迅速从通道处逃走

▶歹徒恼怒得更加失控

玛丽拉开了嗓子，对着大家大喊："快跑！他有刀！快跑！快跑！快跑！他有刀……"人群四散，这给玛丽留下了一条通道，她自己也立刻跑向安全的地方。

那个歹徒似乎精神错乱了，他忽然跑到柜台旁，抱起刚才玛丽结账用的那台现金出纳机，歇斯底里地摔在了地上。然后，他开始哭，声音极其刺耳；然后，他又开始狂笑……

"那就是一个十足的疯子，如果无人阻止，他一定会继续作恶的！"玛丽想，"我必须要立刻找到我的女儿，我必须要找到她，确保她没有任何危险，别再让那个疯子看到她！"

这时候，商场外警笛声大作，警察赶到了，人群被及时地疏散开来。

▶▶▶母　性

心焦的玛丽在人群中搜寻她的女儿，她丝毫不觉得自己是一个与恶魔搏斗的英雄，她只是一个担心女儿安危的母亲。

"快，我的女儿在哪儿？"她冲进人群，抢着问保安人员。

▲玛丽在保安的带领下来到了孩子们躲藏的办公室，终于见到了安然无恙的女儿

“她很好！她很好！”一只手拉住了她，是巴巴拉，“她们都在这边，她们都很安全！快点，在后面！过来！她们都很好！”巴巴拉连同保安一起带路，将玛丽引向她女儿所在的安全处所。

“摄影师已经把她们锁在后面的办公室里了，她们很好。亲爱的，你真勇敢！”巴巴拉说。玛丽依然很着急，她听到自己说：“我一定要看看她们，让我看看她们。”玛丽简直语无伦次了，这时候她才开始感到害怕——冷汗涔涔而落，她感觉自己的衣服都湿透了。

警察赶来了，他们制服了这个恶魔。当摄影师把门打开时，玛丽看到了那张安琪儿一样的小脸，她感觉如释重负，像是一只脚忽然踏在了云彩里。

“妈咪，”朱迪开始哭，她用胖胖的小手在抹眼睛，“我以为看不到妈咪了，她们都说坏蛋抓住了你……”

“哦，我的孩子。”玛丽紧紧地抱住了她的小宝贝，柔软的小身体让玛丽百感交集，她摸着朱迪花瓣一样的脸庞，她很庆幸还能够看到女儿清澈的眼睛。然后玛丽也哭了，她不知道刚才自己是怎么做到的，她真不敢相信，平时连一条鱼都不敢杀的自己居然会突然拥有与歹徒搏斗的勇气。

警察把那个丧心病狂的歹徒带走了，人们了解到他确实有精神疾病，任何人都对他刚才发疯的场面印象深刻，那足以让所有人心胆俱碎。当然，受伤的人也被及时送到了救护中心。

“我相信任何一位母亲都会尽一切努力保护自己的孩子，无论在什么情况下。”玛丽说，她不觉得自己是个英雄，她说，“我也只是一个母亲。”

如何应对?

持武器袭击事件是很严重的犯罪行为，在美国，每年大约会有3万名妇女受到攻击。如果你遇到这样的情况，能躲开最好要躲开，交给警察去处理。玛丽进行还击是因为她要保护孩子，当你在遇到这样的情况时，你可以有多种选择。下面几个建议或许能帮到你：

A.如果在商场、超级市场等公共场合购物时遇到危险，你该如何应对?

a.首先要提高警惕，发现人群中有骚动时，立刻走到安全僻静的地方，不要大喊大叫，以免引起歹徒的注意，然后立刻通知商场的治安人员，迅速报警，整个过程中，你需要时刻保持镇定，见机行事。

b.不要跑向人多的地方，不要以为人多的地方就会很安全。其实公共场合行凶的歹徒通常心理存在问题，她们往往会通过公然行凶来得到满足，所以犯罪者通常会挑人多的地方下手。并且，如果人群四散逃开，造成秩序混乱，也可能发生推搡、踩踏等意外。

c．有很多东西可以当作武器。假如你受到了攻击，你

▲很多东西都可以用来防身

要巡视一下周围，看看有没有能做武器自卫的东西，你好利用它来反击。可以用醋、肥皂水、发胶、香水等液体攻击歹徒的眼睛。圣地亚哥的一名妇女用拖把打跑了拿着碎冰锥的盗贼。美国宾夕法尼亚州的一个 85 岁的老太太用手杖战胜了歹徒。还有，扫帚、耙子、棒球棍或高尔夫球棒也可以用来当作武器。美国帕姆代尔的一位店铺老板把一个垃圾桶扔向了四个盗贼，他成功了，歹徒抱头鼠窜。

d. 如果你正带领着儿童，一定要制止她们的大声哭叫，歹徒在发疯的时候非常讨厌听到儿童的哭叫，这很可能让歹徒注意到你们，并使你们成为他的重点目标。俯下身来轻柔地哄孩子，告诉孩子没事，事情会很快好起来等方式来分散孩子的注意力。实在难以制止的情况下，你可以用软布暂时塞入孩子的口腔，令孩子无法发出哭泣声，或者将孩子迅速抱到距离歹徒较远的地方。

B.在商场购物时，你需要注意些什么？

a. 首先，你还是要有警惕心理，不要沉浸在疯狂购物的欢乐中难以自拔。要知道，人多的地方，就会充斥着三教九流各色人等，很难说其中的哪一个人，会在一个瞬间，变成一个穷凶极恶的歹徒。如果看到人群发生骚动，请立刻停止手中的消费活动，迅速转移到安全的场所。

b. 如果真的发生了危险，不要走电梯，一定要沿安全通道下楼。小心可能发生的踩踏事件，尤其是如果你还穿着高跟鞋。小心脚下，注意避开惊慌失措的人，她们很有可能在人群中推搡挣扎。遇事要冷静，不要被恐怖的气氛而吓得不知所措，扶住楼梯扶手，以免摔倒……总之，迅速撤离现场。

c．不要带大量的现金前去购物，或者将包敞开，摆出一副欢迎小偷的架势。那样，蒙受的损失只能自己承担。如果发现自己钱物被偷，立刻通知商场保安人员，因为一般的商场都装有安全系统录像设备，你可以通过那里查看是否可以获得线索。

▲刺激性喷雾可以很好地对付歹徒

C.如果你在逛商场时遭遇了火灾的危险，你该如何逃生?

a. 首先，你需要有逃生的意识，进入商场之时，你需要对其设施和结构布局进行观察，记住疏散通道和安全出口的位置，留心看一看太平门、楼梯、安全出口的位置，以及灭火器、消防栓、报警器的位置，以便面临危险时及时逃出险区或将初起火灾及时扑灭，并在被围困的情况下及时向外报警求救，也避免在人群混乱的时候迷失方向。

b. 利用疏散通道逃生。按照规定每个商场都设有室内楼梯、室外楼梯，有的还有自动扶梯、消防梯等。发生火灾后，尤其是在火灾初级阶段，这些都是逃生的良好通道。下楼梯时切记抓牢扶手，以防被人群撞倒。

c. 逃生时，尽量采用低姿势前进，不要做深呼吸，可能的情况下用湿衣服或毛巾捂住口和鼻子，防止烟雾进入呼吸道。有条件的话，可穿戴安全帽、摩托车头盔、工作服等，以避免烧伤和坠落物砸伤。

d. 如果火势严重，你无路可逃，积极寻找避难场所，比如跑到室外阳台、楼房平台等地方等待救援。

疯狂公交车

引言

当你乘坐公交车外出时，一个举止疯狂的男人突然开始袭击司机。随后，他又将目标转向你！此时，你该如何应对？

每天都有数百万人乘坐公共交通工具。当这已经成为生活的一部分时，我们很容易放松警惕。如果有一天，一名乘客突然危及到了其他人的安全，你该如何反击呢？艾丽就经历了一次疯狂的公交车之旅。在这辆车上，她遇到了生平最恐怖的事……

▸▸▸ 怪　客

身为公交车乘务员的艾丽在一次上班时遇到了一名奇怪的乘客。他看上去十分滑稽，却又有点可怕，他的举止异常荒诞，这引起了艾丽的警惕……

艾丽是一名公交车乘务员，她和司机霍华德是很好的搭档，每隔一天，艾丽都会和霍华德一同上下班。

这天是一个普通的星期一，与往常一样，艾丽帮助打扫了车子，与霍华德亲切地打了招呼。但是谁也不会想到，后来发生的事使这个星期一和往常大有不同。

“早上好，艾丽。”霍华德带着爽朗的笑容。他穿着干净的工作服，显得神采奕奕，这令艾丽也心情大好。

“早上好，你好吗？”艾丽笑着回应他。

“很好。崭新的一天又要开始了，不是吗？”

霍华德总是非常积极乐观，这是他让艾丽非常敬佩的地方，和他在一起时，总感觉生活充满了阳光。

“是啊，我们的工作也要开始了。”艾丽踏上自己的工作岗位。车子缓缓地启动了。真的跟往常一样，没什么异常的地方。

直到九点钟左右，车子到了一站，然后上来了一个男人。这个男人给他们带来了大麻烦。

其实，当艾丽向霍华德说了靠站停车的时候，她就看见这个男人站在那儿。那个男人一定属于那种谁见了之后都觉得不容易忽略的人，他就像是硬生生地插进人的视线一样，让人觉得十分别扭。不知怎么，艾丽看到了那个人上车时，忽然感觉一阵厌恶，她的内心似乎对此人十分抵触。艾丽自己也说不清楚，但是第一印象就是这样，有些人给她的第一印象就会让她产生好感，这是没来由的事。尽管缺乏好感，但艾丽并没有表示出来，她只是像往常一样有礼貌地让那个男人上车。

▼艾丽和霍华德开始一天的工作

这个陌生人看上去好像有些烦躁。他一上车就开始翻钱包，找零钱或者乘车证，就像许多人一样。但与众不同的是，他的动作幅度很大，手脚也很笨拙，像是配合不齐似的，这让他看上去非常滑稽。

车厢里有一部分人注意到他的行为，但乘客们并没有多想，只是觉得有点像看一个幽默剧。陌生男人当时并没有看乘务员艾丽，所以也没引起艾丽的戒心，她根本没当回事。

可接下来发生的事令艾丽不得不管了，因为这个乘客并没有出示任何证件，他只是胡乱地找了一通。艾丽感觉到陌生人似乎并不打算投币，只是神经质地在自己身上翻来找去。接着，不等艾丽说话，他居然一屁股坐下了。

通常情况下，当乘客暂时找不到乘车证时，艾丽都会让他们坐下再找。可这次，这个乘客并没有征求她的同意，他摆出一副若无其事的样子。

这让乘务员和司机都十分无奈，后面的汽车开始鸣笛，霍华德只好先继续开车，如果他继续停在那里，就会阻碍交通。霍华德只好通过后视镜用眼神示意艾丽，希望她做点什么。

艾丽先等了等，看这个人是否会掏出乘车证之类的东西，可是，大约过了一分钟，她抬头看陌生人有没有找到乘车证时，却发现他坐在那稳如呆钟。

“先生，请出示一下你的乘车证。”艾丽清了清嗓子，对着那名陌生人说。可是陌生人无动于衷，像是什么都没听见一样。

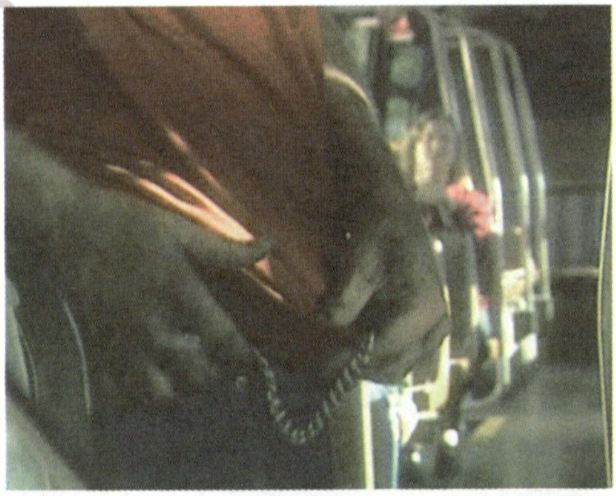

▲怪人翻遍全身也没有掏出乘车证或投币，司机和艾丽都很郁闷地看着他

▶▶▶疯 话

这个男子没有任何乘车证明，也没有投币的表示。艾丽向他示意之后，他忽然站起来，开始用污言秽语咒骂艾丽！车子到站了，他也没有任何下车的意思……

“先生，先生，先生？”艾丽见他装作若无其事的样子，于是提高了声调，“请出示一下你的乘车证。”这一下，车厢里的人都向那名男子看了过去。

令人意想不到的事情发生了，这个人的眼中射出了凶光，他气急败坏地说：“闭嘴！知道我是谁吗？我是中央情报局的！”

▲艾丽观察着这个行为举止怪诞的乘客

▼怪人开始在车里疯狂地咆哮

艾丽吃了一惊，因为这个人看上去非常癫狂，根本不像正常人。不等她回应，这个人就像打开了嘴巴的引擎一样，开始滔滔不绝地说一些众人听不懂的话，一边说，一边对着艾丽大声咒骂，言辞肮脏下流，不堪入耳。

并且，他依然声称自己是中央情报局的，这更加印证了艾丽的想法：这个人一定发了失心疯，他的心智绝对有问题。艾丽再也听不下去了，大声喊：“闭嘴！”

可疯男人没有终止，他还站了起来，一边手舞足蹈，一边骂骂咧咧。车上所有人的注意力都被他吸引了过来，艾丽开始觉得焦虑，她不知道这个家伙还会做出什么事来。

“先生，请你坐下。车子在行驶中，小心摔倒。”几个乘客看不惯疯男人，于是插嘴说话，其中一名乘客走上来拉住陌生人，希望能安抚下这个狂躁不安的人，把他的情绪平复过来。

可是疯男人像是有被害妄想症一样，不等其他人近身，他就跳起来嚷嚷：“都滚开！他们居然踢我！混蛋！你们都是一群混蛋！”

这时候，前面传来了一个镇定的男声：“先生，请你不要骂人，一会儿我可以让你下车。”

艾丽循声望去，原来说话的人是霍华德。他说得很客气，但也很严厉，他想让这个人明白他是司机，但是，那人看起来根本不在乎。

▼怪人开始在车里发疯

“是的，先生。”艾丽像是忽然获得了一股力量似的，她定了定神，冲着这个家伙说：“马上就到站了，我们会立刻让你下车的。”

意外又发生了。这个人从座位上突然跳了起来，然后冲艾丽走了过来。“知道我是谁吗？知道我是谁吗？”这个人一副言辞逼仄的架势，像是要挑衅一样。

“你先冷静一下，等会儿下车，好吗？”艾丽淡定地劝他，心里不禁有些不寒而栗。

“我是中央情报局的，知道吗？”这个人直勾勾地盯着艾丽，“嗯？知道吗？”

艾丽不得不仔细地打量了一下眼前的陌生人，他那双盯着自己看的眼睛那么空洞和迷茫，艾丽忽然觉得想吐！“先生，请你冷静一下！冷静一下好不好？”

这时候，车子到站了，艾丽毫不客气地下了逐客令：“先生，请你下车！”

然而疯男人并没有下车的意思，他不断地重申：“我是中央情报局的！”

“先生，请你下车！”

“嗯？你知道吗？你知道吗？嗯？嗯？”这个男人似乎一定想得到艾丽的肯定，或者听到艾丽的哀求，而艾丽不肯答应他，于是这个人跟艾丽僵持起来。

▸▸▸ 挨　打

疯男人和司机霍华德发生了争执，不由分说，他冲上去对着司机就是一顿痛打。这时，车子已经开动了，大家提心吊胆，没有人敢帮忙！汽车歪歪斜斜地行驶着，随时都有可能车毁人亡……

“先生，你没有任何乘车证明，也没有投币，请你下车吧！”一个洪亮的声音从前面传来，霍华德发话了，他非常生气，几乎要拍案而起。

▼怪人对霍华德说他下一站就下车

那个疯男人转过头去，呆呆地盯着霍华德看了三秒，忽然换了一副语调。

“请让我到下一站吧，下一站我就会走。”他的口气忽然变得柔软，虽然有些别扭，但霍华德心软了，他说：“你要发誓。”后面的汽车又开始频频鸣笛催促，疯男人言辞凿凿地说：“我保证下一站就下车。”霍华德答

◄►怪人疯了一样地袭击司机

应了他的请求，便迅速地发动了车子。

可谁也没有料到，霍华德刚刚开始行驶，这个疯男人就突然举起手中那个有链条的钱包，冲过去使劲地抓住霍华德的衣领，像是要把霍华德当成发泄工具一样，他使劲地用拳头打霍华德的头，同时还用钱包上的链条不停地抽打霍华德的脸！

可怜的霍华德还没反应过来，铁质的链条已经劈头盖脸地打在他的脸上，令他无力招架。霍华德试图通过无线电求助，但他根本没有机会够着它。这时候，车子已经开动了，作为司机，他没办法逃开，只得无可奈何地挨打，他完全被困在座位上动弹不得。

那个家伙看到司机没有力气还击后，便变本加厉地抓起旁边的扩音器重重地砸霍华德，拳头像雨点一样落在司机身上。

周围的人都吓得呆了，大家不敢轻举妄动，因为汽车正在行驶中，司机稍有闪失，就会发生车祸，那全车的人都在劫难逃。

没有人说话，没有人行动，也没有人尖叫哭喊，大家都傻眼了。

▶▶▶拥　抱

艾丽帮助霍华德脱离了歹徒的魔掌，她用智慧解救了他、自己以及所有的乘客，但是，歹徒依旧不肯善罢甘休，他又盯上了停车场里的几个年轻姑娘……

就在这个节骨眼上，霍华德急中生智，他大力一打方向盘，果断地将车子开进了一条比较宽的人行道上，周围没有车辆，也没有人群，霍华德立刻踩下了刹车。

车子总算停住了，惊魂未定的乘客们开始一窝蜂地往车门涌去。霍华德打开了车门，乘客们立刻跑得一个不剩。

▲乘客们都落荒而逃

▼疏散完乘客的艾丽返回车厢帮助司机，可歹徒却将目标指向了艾丽

当然，这里面不包括艾丽，她协助疏散了所有的乘客下车之后，便返回到了车上。她知道自己不能和其他乘客一样跑下车，丢下司机不管。艾丽朝前面走了过去，她心中暗想，如果她能抓住歹徒的肩膀，或许可以把歹徒从前面推下去，因为前面的车门也是开着的。

“我告诉你……”歹徒仍然在兀自说个不休。他一直没有停下手中的动作，霍华德已经没有力气反抗了，只是喘着粗气，并用双手护着自己的头部。

看见眼前此景，艾丽十分生气，不知从哪来的勇气令她大吼一声：“放开他！”然后她英勇地冲上前去，拼命地用手推这个歹

徒，想把他从霍华德身边推开。

这个行为显然惹火了歹徒。他突然停了下来，转过身对着艾丽的脸。歹徒的脸上青筋暴起，显得十分狰狞，他的眼睛就好像在冒火一样，艾丽从没见过有人这么生气，也从没那么害怕过。艾丽似乎听到了自己的心跳声，这时候歹徒朝她走了过来，一拳打在她的脸上。

艾丽连声音都还没来得及发出来，就被一阵夹着拳风的剧痛袭倒在地。接着，歹徒没头没脑地痛打她，艾丽甚至能感觉到他对自己挥舞拳头时带过来的空气流动，一下一下，重重拳头落在艾丽的头部。

▲艾丽和司机终于摆脱了歹徒逃下车

▼艾丽打电话报警时歹徒从车上下来

艾丽知道自己必须爬起来，她一边爬着向后退，一边用手保护着自己。趁歹徒不备之际，艾丽猛然从地上站了起来。这时候，霍华德也解脱出来，两个人站在一起，决心一起抵抗歹徒的再次袭击。

歹徒似乎觉得情况不妙，他又开始大吵大嚷：“我是中央情报局的！你们干什么？”

艾丽拉了拉霍华德的衣袖，两人交换了一个眼色，他们忽然不约而同地朝车门口跑去，并且霍华德下车前顺手把汽车钥匙拔了下来，好让歹徒没办法把汽车开走。

艾丽立刻拨打报警电话，正当她拨号时，这个攻击者也走下车。一看见歹徒下来了，艾丽和霍华德赶紧朝旁边躲开。

艾丽对着话筒说："对，他现在下车了，我们需要救援。"

然而，情况似乎有些不对劲，歹徒好像把艾丽和霍华德当成了透明人，他机械性地朝着对面的停车场走了过去。那里站着几个年轻的女孩，她们显然没有任何警惕。

歹徒看到了她们，立刻一步步朝几个女孩逼过去，看来他即将把她们当成自己下一个目标。那些女孩子可能还不到16岁，正天真地站在一旁聊天，浑然不觉身边走来的这个男人是一个标准的精神癫狂的罪犯。

艾丽顾不得自己的危险，撒开双腿跑向那几个女孩，艾丽一边驱赶她们，一边喊："姑娘们！姑娘们！别靠近

▼艾丽劝告年轻女孩迅速远离歹徒

他！快往后退！他很危险！往后退！”

歹徒被弄得恼羞成怒，他挥舞着手中的工具，准备向艾丽发动新一轮的攻击。

所幸的是，警察很快赶到了现场，他们麻利地制服了这个进攻者。之后，艾丽确知这个嫌犯患有精神分裂症。

▼现实中真正的艾丽获得了奖章，她与霍华德亲密拥抱

“我是中央情报局的！”这个家伙被架走的时候，依然挥舞着四肢，不断地挣扎着。

霍华德非常感谢艾丽的勇敢相助。他和高速运输管理局一起奖励了艾丽一枚勋章，并且艾丽和霍华德还赢得了“最佳搭档”的称号。

“我们把她的照片挂在市中心的办公室里，有人在上面写着：看见这位女士的时候请给她一个拥抱。”霍华德说。

如何应对？

乘坐公共交通工具很可能遭遇危险，司机和乘客遭遇袭击的事件层出不穷。现在，虽然公交车已经装备了紧急警报系统和监视器，但关键是大家应该时刻保持警惕。以下知识你需要多做了解：

A.如何避免或者减少在乘坐公共汽车途中遭遇袭击的可能？

a.首先，当你使用公共交通工具时，你需要尽量缩短在公交车站或地铁站等车的时间，这样可以有效降低歹徒把你当成袭击目标的可能。不要在公共交通工具上待的时间过长，更不要露出心不在焉的样子，这都会使歹徒对你产生兴趣。

b.同时，注意周围的环境，不要睡觉，不要专心看书或者听随身听，这样会使你对周围发生的事情反应迟钝。并且，请尽量坐在靠走廊通道的座位，如果发生特殊情况，你将更容易逃脱，以免发生人群蜂拥而上的情况时导致被困。

c. 还有，准备好零钱，避免上车翻包，也省得被人发现你的钱物而起歹心。

d.除此之外，要注意别人的举动。如果有人形色可疑，你需要多加警惕。如果有陌生人对你进行试探等行为，令你感觉很不舒服，你可以调换座位或通知司机、乘务员。

e.不要跟流氓青少年对抗，他们人多势众，蛮横无理，与之硬拼不是明智之举。最好通知司机或者乘务人员，让其尽快下车。

◀不要在公车上睡觉

▶不要在公车上翻包找钱，要提前把投币准备好

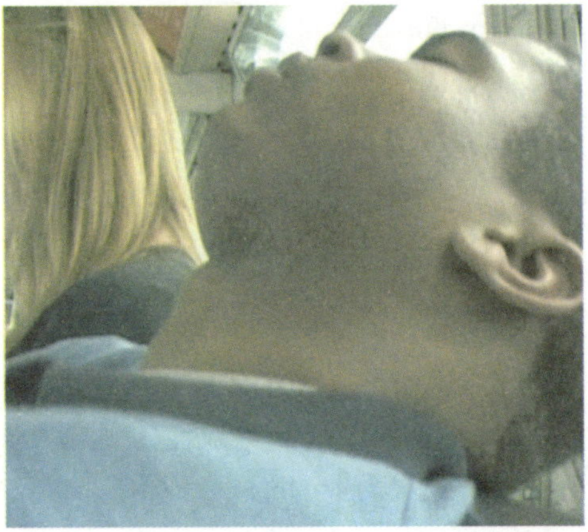

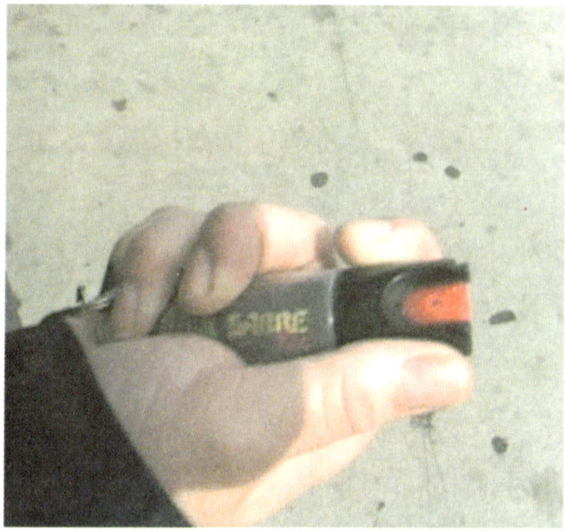

◀用灭火器反击歹徒

▶可随身携带刺激性喷雾防身

B.如果你在乘坐公共交通工具时遭遇袭击，你该如何逃生？

a．如果有人使用暴力或者对你构成威胁，你可以使用公交车或者地铁上的一些应急设备来进行自卫。比如，公共交通工具上大都配有灭火器，紧急关头，你可以向袭击者喷洒，让对方分不清方向。如果灭火器够重，你还可以把它作为武器来对付袭击者。许多司机都会带有扫帚，你可以把扫帚作为武器，美国特拉华州威尔明顿市的一名少年就是用扫帚成功打退了几名袭击者。

b．另外，你可以准备一些自卫用品，用以防身。比如对公众出售的催泪瓦斯、胡椒粉喷雾剂和镇暴枪等，这些产品有的只有手掌心那么大，可以挂在钥匙链上，使用得当的话，可以有效击退袭击者。

c．如果发生了最糟糕的情况，有人持枪威胁或者开火袭击，你最好躲在座位后面或者趴在地上，让自己置于枪击范围之外，这样可以提高生存几率。

C.如果你乘坐公交车的时候发现了疑似扒手的犯罪分子，你该如何应对？

a.如果你在公交车上看到有人从马路对面车站下车，然后又到马路这边车站乘车的，他们通常都是伺机犯罪的小偷。如果有故意挤到车门口不上又退回来，最后又离开现场的这类人也非常可疑。还要注意一群故意造成拥挤现象的人，他们很可能是一个扒窃团伙。

b. 上车后如果有一人拿着大面额钱币，焦急地在口袋中找零钱堵在门口时，很可能是扒手们的表演，这时要注意紧贴在你背后或手“扶”在你腰部催你上车的那个人，如果不留神，你腰间的手机和钱物很容易不翼而飞。

c. 你需要留意身边用拎在手上的衣物或拿在手上的报纸、杂志挡住你眼睛视线的人，这很可能亦是扒手的伎俩。这时候你身上的财物极其容易被他们“搬家”，一定要小心为妙。

d. 如果你已经可以确定身边有犯罪分子，要向被害人悄悄提示，并向司机或乘务人员示意。

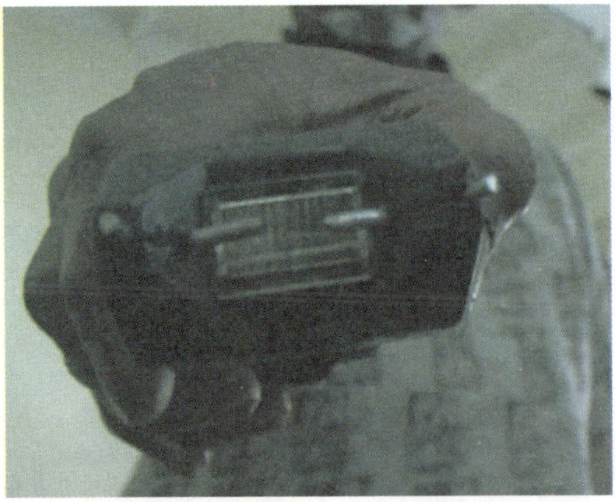

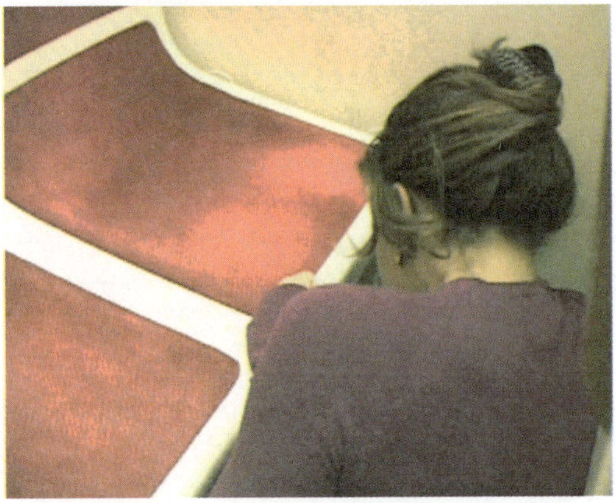

▲遇到持枪或电棍袭击的歹徒，要尽量躲在车座下面

你知道吗？

汽车在寒夜抛锚了怎么办？

如果你的汽车在寒冷的夜里忽然抛锚了，你该如何应对？

不要和陌生人搭讪

引言

当你和朋友一起出外消遣时，一些陌生人主动和你说话，并突然强迫你离开！周围没有人注意你已身陷险境，你被他们挟持到了一个陌生的地方，他们甚至对你施暴！此时，你该如何应对？

艾米年幼无知，被一群陌生人殷勤的奉承冲昏了头脑。随后，她被命运的魔掌击中了，差一点失去了自己的生命……

▶▶▶ 说　话

艾米是一个有些贪玩的姑娘，但同时她也十分迷人。因此，她有些傲慢，喜欢听漂亮话。酒吧里一群陌生人同她搭讪，令她芳心大悦……

艾米是出生在美国印第安纳州南本德的一个年轻的姑娘。她性格开朗，爱好社交，并且身材相貌都无可挑剔，她因此赢得了许多青睐的目光，这使她变得有些骄傲，并且喜欢成为人群的中心。当然，这似乎是年轻美女的通病。

11 月的一个夜晚，艾米约好了朋友诺德，在一个很大的酒吧里打台球。这个酒吧非常有名，充斥着很多与一般人极不相同的人。

艾米刻意打扮了一番，她穿着紧身的低胸装，金色的卷发慵懒地披在肩上，由于上了蓝色眼影的缘故，她的眼神看上去非常迷离，她像一个舞会女王一样惹眼。

“好的，要两瓶怎么样？一瓶，是吗？好的。”艾米向朋友建议来瓶酒。

她缓步来到吧台前，冲服务生灿然一笑，顿时吸引了周围大片的目光。

一群穿着时尚的男子凑近了艾米，开始用西班牙语和她搭话，这让她觉得非常新奇。

“嗨，你好！”这个男子身材高大，眉宇间有一种深邃的感觉。

“你好。”艾米故作轻松。

“我叫艾文，请问美丽的小姐，你叫什么名字？”男子显得很深沉。

“艾米，我叫艾米。我在这里很熟。”艾米玩弄着头发，低着头，故意装作漫不经心。

“美丽的小姐，认识你非常高兴。”叫艾文的男子挑起一根眉毛。接着，他的同伴也凑了过来，开始嘻嘻哈哈地与艾米交谈。过了一会，艾米觉得有些不适，因为她只听得懂一点西班牙语，而且说的也很差，但她还是能感觉到这些人好像是在故意恭维她。

可当时艾米只觉得好玩——她可以展示自己并不纯熟的西班牙语。

“干杯，艾米！你的西班牙语说的可真好，它和你

◀漂亮的艾米和朋友一起去酒吧玩

▶艾米被一群奉承她的西班牙人团团围住

▶艾米没有任何戒备心

的外表一样漂亮！”

“哦，谢谢，干杯！”艾米只好说。尽管存在语言障碍，但艾米和这些人聊得非常开心。

艾米开心地同这群西班牙人说着话，全然不顾他们之间似乎在交换着眼神，说着一些她听不懂的语言。他们的眼神像在超级市场买猪肉称斤两时一样，可是喝了几杯酒的艾米浑然不觉。直到他们其中叫艾文的人站了起来，请她和他们一起往外走。

▶▶▶变　脸

艾米还没反应过来，几个男人忽然将她利索地推出门外，塞进了汽车里。

就是忽然之间，艾文做了一个“请”的手势。他的手指指着大门，艾米没有明白，她迷惑地看着艾文：“怎么了？艾文？”

而不等她反应过来，这几个男人强迫艾米向门口走去，更糟的是，朋友诺德已经被艾米支走，周围的人对此毫不知情。艾米被这群人团团围在了中间，他们拽着她的胳膊，将她往门口拽，试图把她带走。

艾米不停地大喊：“不，我不跟你们走！”天真的艾米依然没有往坏处想，她以为他们的交流出现了问题，她以为是自己没有听懂他们的话，她还以为也许他们想跟她开玩笑呢！周围的人群大概也这么认为，大家对艾米的抗议置若罔闻，那伙人手脚利落地将艾米推出了门外。

这时候，艾米开始觉得不对劲，外面有一辆车子，亮着车灯，似乎在等待着她，她立刻明白了自己的处境！

▼艾米被这伙人拖出了酒吧

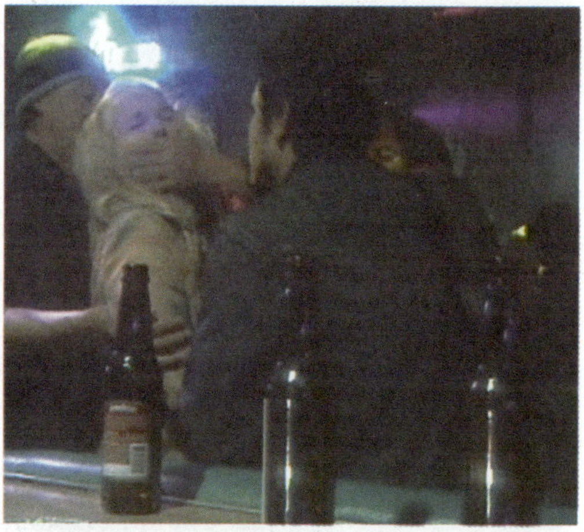

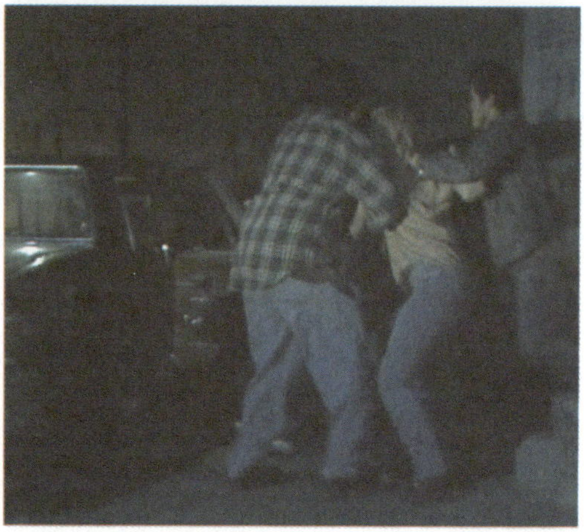

艾米开始高喊“救命”，但是太晚了。她已经被推出了门外。门内喧闹的噪声淹没了她的呼救，这似乎就是一瞬间的事。

一名男子已经打开了车子的后门，另外一名男子笑嘻嘻地向着艾米靠过来。

艾米本能地后退，可后面也是他们同伙，几个人挡住了她的去路，不让她逃走。

这个男子就是刚才的艾文，他的眉宇之间更深沉了，艾米看不懂他的表情。他似笑非笑地看着艾米，然后伸手扯住了艾米的头发。

他不是简单地揪着，而是把头发绕在手上，用力地一圈一圈绕紧，就像绕着一段绳子。艾米疼得大叫，但他充耳不闻，直到手指都快碰到艾米的头皮了，他才停止了手里的动作。

艾米被残忍地拖进了车里，身后跟着两名男子，艾文坐在她的旁边，揪着她的头发。刚才的温文尔雅像一张面具忽然被扯了下来，现在的艾文有一张极其凶恶的脸，两道贪婪的目光从他的眸子里射出来，这令看惯了笑脸的艾米恐惧不已。她后悔极了！

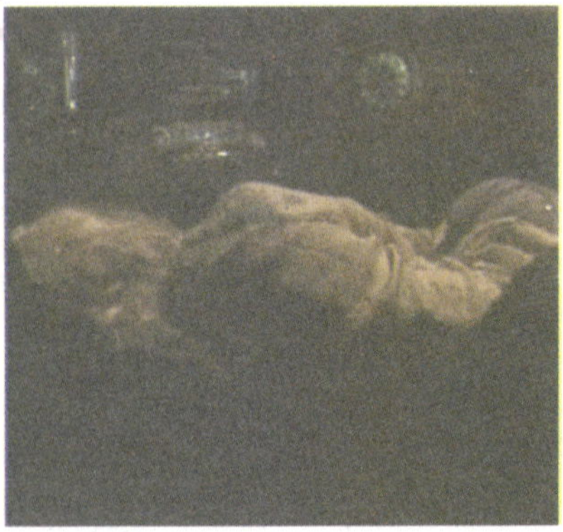

▲艾米被歹徒强行按在前座并拉到了郊区

▸▸▸ 闭　嘴

他们只是让她闭嘴，不然就抽她耳光，让她像狗一样伏在他们脚下。

“你想哭，对不对？你哭啊，使劲点，让我听听，哼！”陌生人就像魔鬼一样凶恶，可怜的艾米哪里受到过这样的对待，以前她的身边充满的都是些殷勤的笑脸。

“别着急，慢慢来！哭得大声一点，让我们听听看！”艾文饶有兴致地看着她的脸，同时狠狠地揪她的头发，让她发出一些尖利的哭叫。

另一个男子显得有些不耐烦，他说：“慢慢来，让这个婊子闭嘴！我讨厌她的声音，让她闭上她的臭嘴！”

而艾米无法闭嘴，她抑制不住地发出抽泣的声音。她怕极了，浑身瑟瑟发抖。苦涩的眼泪，顺着她美丽的脸颊一直流到嘴角。

艾米开始忍不住哭喊起来，因为她发现车子正在往僻静的地方开去，她不知道自己将被带到什么地方，是否能够有逃跑的机会。很显然，任何人在这种情况下都会崩溃的，艾米害怕极了！

艾米的哭泣引起了暴徒的反感。那个叫艾文的男人抬手给了她两个耳光，恶狠狠地咒骂道："闭嘴！闭嘴，你能不能给我闭嘴，嗯？"

艾米试图用哀求来博取他们的同情，她楚楚可怜地问："你们要把我带到哪去？刚才我们不是还聊得好好的吗？求求你们，放过我好吗？"晶莹的眼泪从她眼中滚落下来，看着一个美丽的少女哀哀哭泣，任何人都会为之动容的。

然而这对歹徒一点也不奏效。那个艾文甚至变得很不耐烦，他狠狠地揪住艾米的头发，将她的脸凑近自己，然后一字一句地说："你能不能给我闭嘴？再不闭嘴，我就杀了你！知道了吗？"

艾米终于知道，现在只要自己一开口，肯定会被这群残忍的歹徒伤害，她越是叫喊，他们将越发残暴，对她也更无怜悯之情。她现在唯一能做的，就是尽量顺从，保持沉默。

但她还是非常害怕，她不知道接下来会变得怎么样，会发生什么。她想到，也许自己会死，他们也许会杀死自己。

想到这里，艾米绝望地咬紧了嘴唇。

▶▶▶ 凌　辱

歹徒尽他们所能地拼命折磨她，艾米的眼泪都要流干了……

艾米克制住绝望的心情，尽力地看了一眼周围的环境。她发现汽车驶进了一条小巷子，她能听出车是在沙砾路面上行驶的，这说明，车子已经驶进了郊区。

▲进屋后，歹徒开始残暴地毒打艾米

几个男人开始用西班牙语交谈，但是根据他们的语气，艾米能感觉到他们出现了分歧。那个司机似乎改变了主意，似乎不想再继续这次行动，他觉得行动已经出格了。

“你懂什么？下去！把电话给我！”艾文说，他夺过了司机手里的电话。

车子忽然停住了，那个当司机的青年愤然走下了车子。随着司机的离去，艾米知道自己已经万劫不复了，事情非常糟糕，糟糕到令他们的同伴都产生了罪恶感。

艾文对着同伴离去的方向咒骂了一阵，然后他把艾米拖到了前座。惊恐万分的艾米蜷在车上，她别无选择。

他们没有再走多远，她能数得清每条拐弯，最后，汽车驶进了一条黑咕隆咚的小巷子，停下了。

艾米心跳得很快，简直就像要从腔子里蹦出来一样。她知道自己将会任人宰割，她在劫难逃。此时的艾米简直要崩溃了，她试图大叫，拼命地挣扎，她甚至听到了自己头皮撕裂的声音，她不顾一切地呼救，几乎是想尽了办法，想让周围的人听到她的声音。

但是，浓重的夜色淹没了她的呼喊，势单力薄的艾米很快被拖进了一间漆黑的屋子。当她被拖进去的那一瞬间，她紧紧地抓住门框，指甲嵌进了木头里。她的手指剧痛，但她不敢放松，她死死地抓着，就像要抓住自己的生命一样。但是一切都是徒劳的，她还是被拖进了屋子。

艾米开始歇斯底里地哭泣，声音极其凄惨。歹徒们被吵得心烦意乱，其中一个人凶狠地呵斥她：“你给我闭嘴！”

这时候，艾米借着微弱的光线，看见台子上放着一个炉子，上面支着一个铁锅。她心里开始暗暗盘算，打算用这个铁锅把歹徒击倒。

但是，这个计划太单薄了，铁锅非常沉，艾米扑过去抓住锅把手，发现自己根本举不起来。

艾米的反抗激怒了歹徒，他们十分恼怒，离她最近的那个歹徒直接从艾米手里夺过铁锅，劈头盖脸地用铁锅打她，打得累了方肯罢休，艾米瘫倒在地上，浑身的剧痛令她欲哭无泪。

而接下来的情况更糟，艾米被这群暴徒拖进了卧室，刚才的一番挣扎耗尽了她的力气，她根本没有力气再反抗了，在被拖进卧室后，她只是苦苦地哀求歹徒放过自己。

然而，艾米的哀求对他们来说根本不管用，他们反而更生气了。好像艾米越害怕，歹徒似乎就越高兴；她越是不停地哀求，越是反抗，就好像越能激起歹徒的怒火！他们对艾米越来越不留情。

歹徒们揪着艾米的头发，扒掉了她的衣服，尽其所能地折磨她，凌辱她。艾米觉得那样绝望、恐惧和失控，她无助地、赤裸地暴露在这群恶魔的视线里，忍受着下体的阵阵刺痛……

▼无力反抗的艾米被歹徒拖进卧室强奸

►►► 逃 跑

黑暗的长巷里，艾米凄凉地躲在角落处啜泣……

艾米很快就忍受不下去了，求生的意志和极度的愤怒在艾米体内燃起了火焰。她决定反抗，决定拼死逃出去！那个时候，艾米已经不在乎自己会受多少折磨，她只想离开这群暴戾的歹徒！

艾米暗暗地打量着这个房间，它非常小，这个正在强暴她的歹徒就在她的面前。艾米随手抓起了一件东西，朝着他的脑袋砸去。

剧痛使歹徒松开了她，但是，艾米并没有逃脱。简直就像电影里的情节一样，艾米敲打着房门，但是门锁还没有拨开，恶棍就又冲了上来。

"你以为你能逃出我的手掌心吗？"歹徒面目狰狞的逼近她，鲜血从他头上流下来，使他看上去就像一头凶猛的野兽。

"臭婊子，你想要逃？"这个歹徒忽然伸手紧紧地掐住了艾米的喉咙，而且越来越紧。艾米甚至能听到骨骼的爆裂声。她想自己快要死了，而胸中的愤怒给了她力量。

▼艾米趁机逃出卧室，歹徒立马起身去追

她使出了浑身的力气，用手肘狠狠地撞向歹徒的腹部。她成功了，歹徒捂着肚子俯下身去。艾米立刻从房间里跑了出去。

四周一片漆黑，艾米转过头，看到了这条长巷尽头的灯光。那束灯光对她来说就像救命稻草一样，艾米不假思索就冲着灯光跑了过去。

歹徒们从后面追了上来。情急之

下，艾米找了个隐蔽的地方躲了起来。她听到他们从后面追了上来，她听到歹徒的脚步声掠过她的身边，然后声音消失了，艾米看到歹徒们在四处张望，但他们没有找到她。

▲艾米躲在阴暗的角落里悔恨自己当初的行为

▸▸▸ 伤　害

时间一点点过去了，艾米一直蜷缩在隐蔽处，浑身发抖。她感到非常绝望，双腿发软，几乎就要昏过去了，但她咬着牙坚持着，直到天亮。最终，她鼓足勇气，决定出去寻求帮助。

警方接到报警后很快赶到了。在被送往医院之前，艾米坚持要带警官到案发现场寻找歹徒，结果歹徒已经不知去向。虽然歹徒现在还没有归案，但警方已经掌握了大量证据。

现在，那个自称“艾文”的歹徒拉夫诺已经被列入通缉名单。罪犯仍然逍遥法外，这让艾米始终很担心，不过她对自己当晚的勇气也感到非常震惊。

“我再也不能忍受有人像那样控制我，任何人都无权那样对待别人。我的生命掌握在自己手中，我完全有能力拯救自己。我会尽自己的最大努力来保证自己不受伤害。”经历过一次强暴的艾米与以前的她判若两人，她变得冷静，甚至有一点冷漠。因为任何女性只要感受过被强奸的恐惧，她就会非常清楚残忍、失控以及绝望的感觉，这些情绪足以让人崩溃。尽管艾米逃过了一劫，但这次遭遇无疑对她造成了一个巨大的心理创伤，年少无知的她为此付出了巨大的代价。

如何应对？

在美国，每隔6分钟就有一位女性遭到强奸。有研究显示，1/3的女性可能会遭遇性侵犯，这说明对女性虎视眈眈的暴徒很有可能就在你周围。艾米的经历为所有女性敲响了警钟，为了避免重蹈她的覆辙，你需要了解以下知识：

▼虽然艾米的生活受到了影响，但她还是要坚强地活下去

A.如果你遇到了一个或一群陌生人主动跟你说话，你该如何应对？

a. 首先，如果是一个陌生人跟你说话，为了安全起见，最好的办法就是对他置之不理。如果他不断纠缠，你就大声呼救，让别人来帮助你。美国密歇根州的一位女士在遭到跟踪时就是这样做的，她大声喊叫，而且自卫课程对她也大有帮助。最后，那名男子只好逃跑。

▲密歇根州的一位女士在遇到歹徒时大声呼喊并利用自卫术吓跑歹徒

b. 艾米的麻烦始于一群男子的围攻。最恶劣的案件就是群体作案，人处于群体中会更大胆，手段也会更残暴。艾米在发现情况不妙时就该奋力反抗，可以大喊“滚开！救命！”声音一定要洪亮有力。把事情往最坏处想，千万不要异想天开，人生不像你想得那样浪漫，无故说话的陌生人有九成都不怀好意。

c. 不要因为一时好奇，或者对自我魅力估计过高而轻易相信陌生人。更不要相信素不相识的人的恭维，那通常是有所企图的。不要在独自一个人的时候打扮得太过招摇，因为这样很容易招致歹徒的目光。

B.如果碰到陌生人跟你搭话不成，恼羞成怒地对你发动袭击，你该如何应对？

a. 首先，如果不幸遭遇暴力攻击，建议你像武术教练教得那样做：找出攻击者的最大弱点，然后发动攻击。许多人认为是两腿之间，其实不然，你应该攻击他的眼睛。如果看不见，他就无法施暴。你只需伸出两只手指，用力向他的眼睛戳去。这时候，人会本能地去保护眼睛，而你也就可以趁机逃跑了！

▲旧金山一位女士用脚使劲蹬踹歹徒下体

b. 如果他继续攻击你，这里还有一条建议，这是旧金山一个案例：一位慢跑女士被人扼住了喉管，她随即倒在地上，用她身上最有力的部位——双脚来踢打攻击者，攻击者最终落荒而逃！

c. 还有一点，如果遭到强奸，一定要像艾米那样立即报警。不要因为羞辱而饶恕罪犯，调查显示，大约30%的强奸案受害人都不报警，而这样只会助长强奸犯的气焰。

C如果有陌生人给你打电话、发手机短信，或者发邮件等通过各种方式对你进行骚扰，你该如何应对？

a. 对付这种人的上上策是对他置若罔闻。利用软件的各种功能进行屏蔽，比如放入黑名单、设置来电防火墙等方式，实在难以躲避，则可以换一个临时号码先用，等此事冷却，再换回来。

b. 如果事态严重，比如此人公开在现实中纠缠你时，一定要报警。报警之前，收集好一切他骚扰你的证据，争取一次报警就令他无法卷土重来。

c. 千万不要试图打电话或找人说服他，让他不要再来找你。因为这种人要的就是这样的效果，你越是同他讲理，他便越来劲，所以一定别理他。

d. 以恶对恶也是不可取的。对你进行骚扰的人，本来心里就不正常，如果你采用非常手段，比如对其进行辱骂、恐吓等，可能会刺激他用更过激的手段。所以一定还是采用冷处理的办法，等过了陌生人的劲头，就会风平浪静了。

你知道吗? 完全解答

完全解答

1.歹徒常开什么样的车?

连环杀手喜欢驾驶特定类型的汽车，如果你能设法避开这些汽车，你就有可能免于遇害!

美国联邦调查局的调查表明，一些连环杀手喜欢驾驶那种无窗带拉门的小型厢式旅行车。这种车体积较大，躲在里面，不易被人发现，并且车里比较宽敞，可供长时间休息而不至于太劳累。杀手甚至可以躺在里面，耐心地等待目标经过。但是，一旦目标出现后，歹徒用几秒钟时间就可以拉开车门，将受害人迅速拖进去，随后关上车门，对受害人为所欲为。

如果见到这种旅行车停在你的汽车旁，请你最好避而远之。如果你正准备上车，而那辆车子

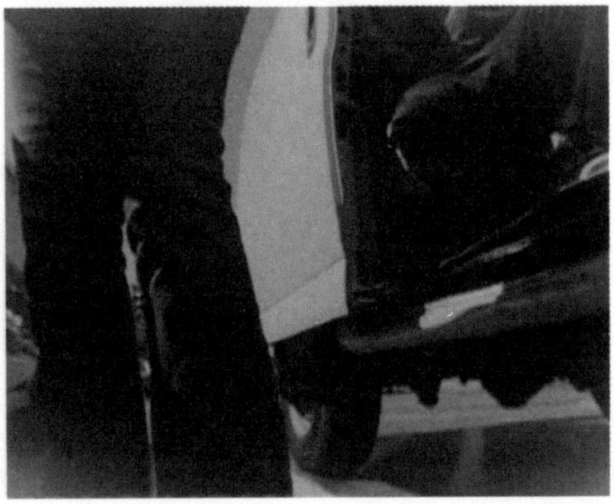

靠近你的驾驶座这边，你可以从副驾驶位上车，然后迅速把车开走，这样歹徒很难得逞了。

完全解答

2.如何应对电话骚扰？

正确的方法是，接到骚扰电话之后，申请一个新的未登记的号码。不用消掉旧的号码，把旧的电话号码接在应答机上，自己不去接听。无论骚扰者讲些什么，都用答录机将他所说的话录下来，这些留言将是警方确信你遭到威胁的有力证据。

如果是手机接到骚扰电话，你可以记录下这个号码，并把它加入黑名单或者手机来电过滤系统。如果不断有不同的号码打来，你可以拨打相应的查询电话，确认这些电话来自哪个区域。如果情况严重，立刻报警，寻找警方协助你。

完全解答

3.背后遭袭，你该如何自卫？

当你从背后遭到歹徒袭击时，你可以用一种简单有效的办法来击退攻击者，这一招叫做“弯曲膝盖”。如果有人从背后抓住了你，你同样可以用这种方式来自卫。

弯曲膝盖的时候，你会充分降低身体的重心，这样会使攻击者难以继续抓住你。然后，利用你的胳膊肘尽力向后打他的脸。

人的脸部十分敏感，因为鼻子和颊骨都非常脆弱，而胳膊肘

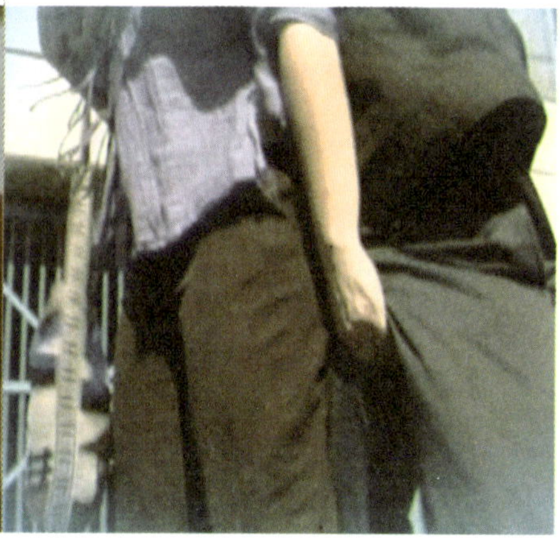

几乎是人体最坚硬的部分，这个比较结果非常明确。接着，你需要乘胜追击，用脚后跟猛踩攻击者的脚。脚后跟同样具备坚硬的、强健的骨头，可以当作有效的武器。如果仍然挣脱不开，就攻击他的外生殖器：一把抓住，用力挤压，并使劲拉扯。趁攻击者丧失攻击能力时，迅速逃脱并寻求帮助。

完全解答

4.如何妥善处置自己的个人信息和金融资料?

小偷很可能会公开收集你的个人信息和金融资料，前提是你的疏漏给他们提供了可乘之机。如果有人在垃圾堆里翻出你的个人信息和金融资料，并将它带走，这并不属于违法行为。

1988年，美国最高法院规定，废弃垃圾不受任何隐私法保护。所以，不要扔弃任何含社会保险号、个人医疗及法律信息、签名、信用卡账号的邮件或者文件。盗用身份的歹徒会借此机会，让你来支付他们的账单，因此，个人资料必须粉碎甚至烧毁。

平时购物的时候也需要注意，比如刷卡支付之后留下的小票，取款之后的凭条，甚至在饭馆吃饭刷卡消费后的单据，你都应该及时销毁。用碎纸机将小票放在一起切碎，或者点起一堆小火将它们烧掉，都是很棒的方式。但是，一定要注意安全，不要切伤手指或者引起火灾。

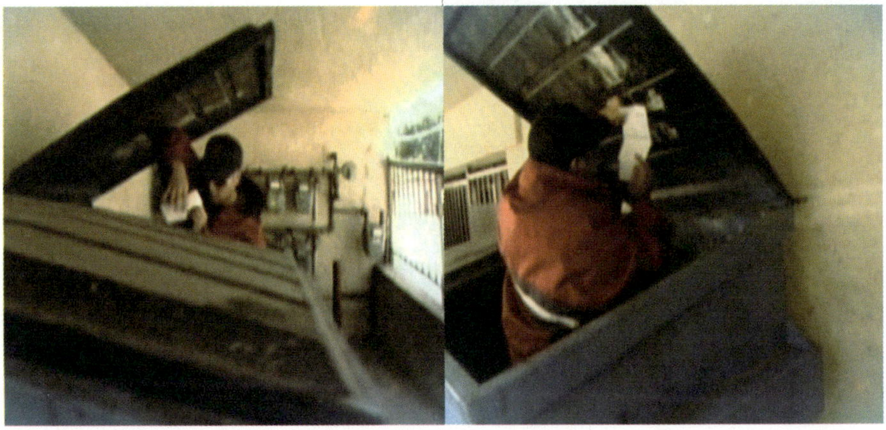

完全解答

5.身份盗用会转移你的邮件？

你收到的邮件数量会成为身份盗用的警报信号吗？答案是肯定的。

犯罪分子会利用身份盗用，转移你的邮件，他们只需到邮局填写一张地址变更表。填表的过程非常简单，只需要 5 分钟，邮局就会把你所有的邮件，包括对账单和结算单寄给他们。这将带给他们极大的犯罪机会，后果非常不堪设想。

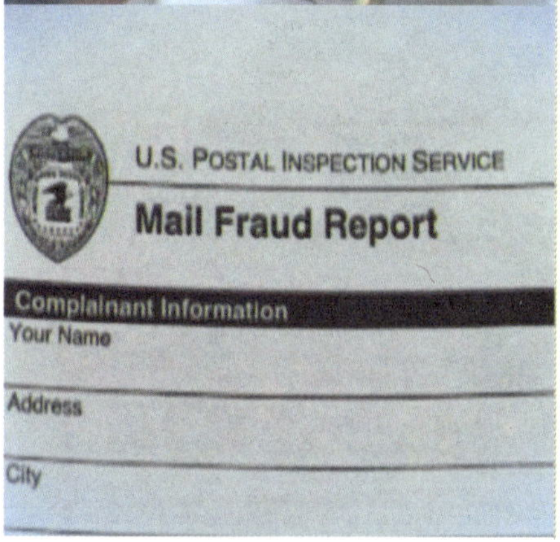

如果你发现邮件数量迅速下降，你需要非常警惕，并抽时间去附近邮局查看你的地址文件。发现有人转移了你的邮件，不要急躁，立刻向邮局局长要一张“邮电诈欺”投诉表，在仔细审查后，邮政检查员会帮你展开调查。每年，都有近千人因偷窃邮件被捕，警惕你的邮件落入罪恶之手！

完全解答

6.旅馆的哪些房间最危险？

你知道在你居住的旅馆里某些房间会相对更危险吗？在下次出差或度假时，如果掌握了以下知识，你可能会在关键时灵机一动，逃过一劫。

一般的消防车上都装备着 30 米高的长梯，这么高的梯子足以把你从六层楼上救下来，但是再往上的话，它们也难以企及，所以你最好尽量避免住在高于六层楼的地方。如果必须住在高层，选择离安全通道距离较近的一间。除了高度上的障碍，你也尽量不要选择窗户下不是地面的房

间。如果旅馆起火，能俯瞰到游泳池或者院落的房间即使在七层以下，也很难让消防车接近。最好是住在一个临街的房间里，这样消防车可以停在街上，将你轻而易举地救出来。

完全解答

7.汽车在寒夜抛锚了怎么办?

如果你的汽车在寒冷的夜里忽然抛锚了，不要觉得绝望无助，也不必束手无策。因为以下的知识会让你拿出车上的某样东西立刻救你一命。

夜里气温急剧下降、寒气逼人，你必定会感觉浑身发冷，手脚冰凉，这时候需要充分保暖，维持体温。多数汽车的后备箱里都有布衬垫，你可以把它撕下来当毯子用，很多汽车车顶的衬垫也是隔热的，你还可以把地板上的衬垫拉起来盖在膝盖上。将你能找到的东西都盖在身上，减少冷空气的进入，这是抵御严寒的好方法。每隔一小时左右就站起来活动身体，帮助体内血液循环。要深呼吸，活动四肢，切勿喝酒。有人认为喝酒能让身体暖和，其实酒反而会降低身体的隔热性。

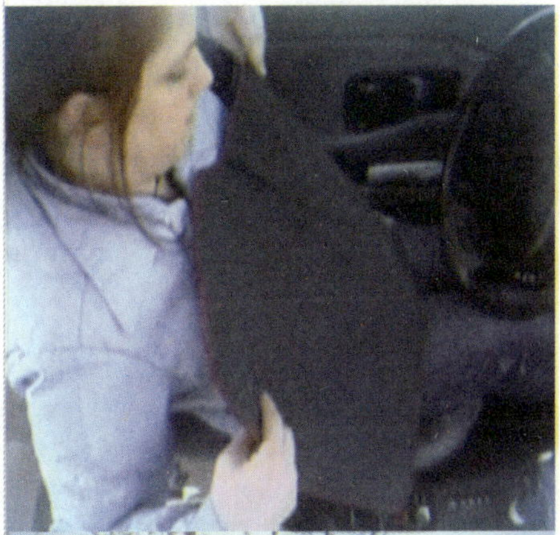

【出品人】
傅伟中

【出版策划】
熊侃　凌立　林燕　贺鹏飞

【主编】
贺鹏飞

【执行主编】
王连华

【责任编辑】
洪晓梅

【文图编辑】
杨爽

【文字撰稿】
李茜

【特约编校】
张兆生

【装帧设计】
Metis 灵动视线
010-85983452

【美术编辑】
张立波

【图片提供】
北京大陆桥文化传媒
Imagemore

【网络书店】
http://www.pfylbook.cn

【网上商城】
好书网
www.haoshuwang.cn